中文版 Photoshop CS5 案例教程

主 编 张卓云 吴俊强

东南大学出版社

·南京·

内 容 提 要

这是一本全面介绍中文版 Photoshop CS5 基本功能及实际应用的书。本书针对零基础读者开发,是入门级读者快速全面掌握 Photoshop CS5 的必备参考书。

本书对重点内容进行详细介绍,并安排了大量的课堂制作案例,让学生可以快速地熟悉软件的功能和制作思路。本书包括图像处理基础知识、初识 Photoshop CS5、绘制和编辑选区、绘制图像、修饰图像、编辑图像、形状工具与路径、图层的应用、调整图像的色彩和色调、文字与蒙版、通道、滤镜共十二章内容。

本书可作为院校和培训机构艺术专业课程的教材,也可以作为 Photoshop CS5 自学人员的参考用书。

图书在版编目(CIP)数据

中文版 Photoshop CS5 案例教程 / 张卓云,吴俊强主编. — 南京 : 东南大学出版社,2015.12
　ISBN 978-7-5641-6247-4

Ⅰ.①中… Ⅱ.①张… ②吴… Ⅲ.①图像处理软件—教材 Ⅳ.①TP391.41

中国版本图书馆 CIP 数据核字(2015)第 316806 号

中文版 Photoshop CS5 案例教程

出版发行:东南大学出版社
社　　址:南京市四牌楼 2 号　邮编:210096
出 版 人:江建中
责任编辑:史建农
网　　址:http://www.seupress.com
电子邮箱:press@seupress.com
经　　销:全国各地新华书店
印　　刷:常州市武进第三印刷有限公司
开　　本:787 mm×1092 mm　1/16
印　　张:18
字　　数:438 千字
版　　次:2015 年 12 月第 1 版
印　　次:2015 年 12 月第 1 次印刷
书　　号:ISBN 978-7-5641-6247-4
定　　价:43.00 元

(本社图书若有印装质量问题,请直接与营销部联系。电话:025 - 83791830)

前　言

Photoshop CS5 是美国 Adobe 公司推出的图形图像处理软件,其因界面友好、操作简单、功能强大而深受广大设计师的青睐,被广泛应用于广告、海报、影视、网页设计、多媒体设计、软件界面、照片处理等领域。

本书以培养职业能力为核心,以工作实践为主线,采用案例式教学方法,力求通过课堂案例演练使学生快速熟悉软件功能和设计思路,提高学生的实际操作能力。在内容编写方面,力求通俗易懂,细致全面;在文字叙述方面,注意言简意赅,突出重点;在案例选取方面,强调案例的针对性和实用性。

本书共分为十二章。第一章图像处理基础知识,介绍了图像处理的基础知识及数字图像的专业术语;第二章初识 Photoshop CS5,介绍了软件的工作界面、图像文件和图层的基本操作方法;第三章绘制和编辑选区,介绍了选区的基本功能、选区工具的操作和编辑方法、填充与描边选区的应用;第四章绘制图像,介绍了画笔面板、绘图工具的使用方法、填充和描边命令的使用方法;第五章修饰图像,介绍了图像修复修补类工具、修饰类工具和擦除类工具的使用方法;第六章编辑图像,介绍了图像的基本编辑方法,包括用到的基本工具及操作方法,能快速地对图像进行编辑;第七章形状工具与路径,介绍了形状和路径工具及相关应用;第八章图层的应用,介绍了图层混合模式、图层样式、填充和调整图层、图层复合和盖印图层的使用方法;第九章调整图像的色彩和色调,介绍快速调整图像色彩与色调的命令、调整图像色彩与色调的命令、特殊色调调整的命令;第十章文字与蒙版,介绍了文字工具的使用方法、文字特效制作方法及相关技巧、蒙版的特点及类型、蒙版的使用方法;第十一章通道,介绍了通道的分类及相关用途、通道的基本操作方法、使用通道调整图像的色调和抠取图像;第十二章滤镜,介绍了滤镜和滤镜库、各种滤镜的功能与特点、滤镜的使用原则与相关技巧。

本书图文并茂、内容丰富、实用性强,书中的 100 多个课堂制作实例都是从实践中精心提炼出来的,涵盖了学习 Photoshop CS5 的要点和难点。对于每一个实例,都是先介绍相关的基础知识及关键点,接着再一步步地讲解。只要认真按照书中的实例做一遍,就能在短时间内完全掌握 Photoshop CS5 的基本功能,熟练地应用该软件进行设计工作。

本书由张卓云、吴俊强主编,任敏、李志敏副主编,顾宇明主审。各章主要执笔人员分别为:第一、二、四、五章由吴俊强编写,第三、九章由任敏编写,第六、十章由李志敏编写,第七、十一、十二章由张卓云编写,第八章由徐霖编写。

本书配套的光盘中包含教材中所用的图像素材及效果图。

当然,尽管作者在本书的写作过程中付出了很多心血,并将多年从事 Photoshop 设计的经验毫无保留地奉献给了读者,但是由于作者水平有限,加之创作时间仓促,不足之处在所难免,敬请读者批评指正。

目录

1

图像处理基础知识

了解图像处理的基础知识，是学习 Photoshop 的重要环节，理解数字图像的专业术语，将有利于在学习和工作中提高 Photoshop 的使用技巧，更好地发挥创作水平。

课堂学习目标

了解位图、矢量图的概念和特点
理解像素、分辨率的概念
掌握图像的常用颜色模式
了解图形图像的常用文件格式

1.1 图像类型

数字图像根据其构成方式的不同可分为两大类，即位图和矢量图。这两种类型的图像各有其特点。

1.1.1 位图

位图也叫点阵图，它是由许多单独的小方块组成的，这些小方块又称为像素（pixel），每个像素都有特定的位置和颜色值。像素点越多，图像的分辨率越高。相应的，图像文件的数据量也会随之增大。打开"第一章\素材\鸟.tif"图像文件，如图 1-1(a)所示，使用放大工具放大后，可以清晰地看到像素的小方块形状与不同的颜色，就是所谓的马赛克现象，如图 1-1(b)所示。

数码相机、数码摄像机、扫描仪等设备和一些图形图像处理软件（如 Photoshop、Corel Photo-Paint、Windows 的画图程序等）都可以产生位图。

(a) 位图的原图　　　　　　　(b) 放大后的效果

图 1-1

优点：色彩和色调变化丰富，可以较逼真地反映自然界的景物，内容更趋真实，如风景照、人物照等；同时也容易在不同软件之间交换文件。

缺点：在缩放或者旋转处理后会产生失真，同时文件数据量大，对内存容量要求也较高。

1.1.2 矢量图

矢量图也叫向量图，它是一种基于图形的几何特性来描述、用数学公式表示的图像。矢量图中的各种图形元素称为对象，每一个对象都是独立的个体，都具有大小、颜色、形状、轮廓等属性。矢量图与分辨率无关，可以将它设置为任意大小，其清晰度不变，也不会出现锯齿状的边缘，如图1-2所示。

能够生成矢量图的常用软件有 CorelDraw、Illustrator、Flash、AutoCAD 等。

优点：(1)文件小；(2)图像元素可编辑；(3)图像放大或缩小不失真；(4)矢量图比较容易对画面中的对象进行移动、缩放、旋转和扭曲等变换，更适合绘制漫画、卡通画和进行各种图形设计(字体设计、图案设计、标志设计、服装设计等)；(5)图像的分辨率不依赖于输出设备。

缺点：(1)重画图像困难；(2)逼真度低，要画出自然度高的图像需要很多的技巧。

（a）矢量图的原图　　　　　　　　（b）放大后的效果

图 1-2

1.2　像素和分辨率

在 Photoshop 中，像素(pixel)是组成位图图像的基本单位，它是一个小矩形颜色块。分辨率则是指单位长度中的像素数目。

1.2.1 图像分辨率

图像中每单位长度上的像素数目，称为图像的分辨率，其单位为像素/英寸(ppi)或像素/厘米(pixels/cm)等。在相同尺寸的两幅图像中，高分辨率图像比低分辨率图像包含的像素多、信息量大、清晰度高，文件的尺寸也更大。

1.2.2 屏幕分辨率

屏幕分辨率也称显示器分辨率，是显示器上每单位长度显示的像素数目。屏幕分辨率取决于显示器大小及其像素设置。当图像分辨率高于显示器分辨率时,屏幕中显示的图像比实际尺寸大。比如我们常说的 1 024×768,就是指在屏幕这么大面积内横向有 1 024 个像素,纵向有 768 个像素。显示器越大所能容纳的像素也就越多,19 寸显示器可以达到1 280×1 024。

1.2.3 输出分辨率

输出分辨率是照排机或打印机等输出设备产生的每英寸的油墨点数(dpi)。打印机的分辨率在 720 dpi 以上的,可以使图像获得比较好的效果。

1.2.4 扫描分辨率

扫描仪在扫描图像时,将源图像划分为大量的网格,然后在每一网格里取一个样本点,以其颜色值表示该网格的颜色值。按上述方法在源图像每单位长度上能够取到的样本点数,称为扫描分辨率,通常以 Dots/Inch(点/英寸)为单位。可见,扫描分辨率越高,扫描得到的数字图像的质量越好。

1.3　图像颜色模式

颜色是人眼可以观察到的色彩表现,Photoshop 中是通过将某种颜色表现为数字形式的模型来对图像的颜色进行表述,这就是我们常说的颜色模式。Photoshop 为用户提供了 8 种颜色模式,分别为位图模式、灰度模式、双色调模式、索引颜色模式、RGB 颜色模式、CMYK 颜色模式、Lab 颜色模式和多通道模式。颜色模式决定了图像的颜色数量,也影响图像的通道数及文件大小,还决定了可以使用哪些工具和文件格式,其中最常用的模式为 RGB 颜色模式、CMYK 颜色模式、位图模式和灰度模式等。

1.3.1 RGB 颜色模式

RGB 颜色模式是 Photoshop 默认的颜色模式。它将自然界的光线视为由红(Red)、绿(Green)、蓝(Blue)3 种基本颜色组合而成,即"三原色"。RGB 颜色能准确地表述屏幕上颜色的组成部分。要查看当前图像是哪种颜色模式,可在工作界面右侧的"颜色"面板中对图像的颜色模式进行查看。RGB 颜色模式示意图如图 1-3 所示。

1.3.2 CMYK 颜色模式

CMYK 颜色模式是一种基于印刷处理,由青色(Cyan)、洋红(Magenta)、黄色(Yellow)、黑色(Black)合成颜色的模式。在本质上与 RGB 颜色模式没有什么区别,只是产生色彩的原理不同。在 RGB 颜色模式中,由光源发出的色光混合生成颜色;而在 CMYK 模式中,由光线照到有不同比例 C、M、Y、K 油墨的纸上,部分光谱被吸收后,反射到人眼的光产生颜色。

C、M、Y、K 在混合成色时,随着 C、M、Y、K 四种成分的增多,反射到人眼的光会越来越少,光线的亮度会越来越低,所以 CMYK 模式产生颜色的方法又称为色光减色法。由于印刷机采用青、洋红、黄、黑 4 种油墨组合出一幅彩色图像,因此 CMYK 模式就由这 4 种用于打印分色的颜色组成。它是 32(8×4)位/像素的四通道图像模式,CMYK 颜色模式示意图如图 1-4 所示。

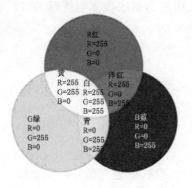
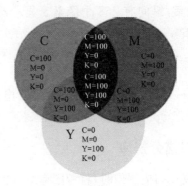

图 1-3　　　　　　　　　　　　　　　　图 1-4

1.3.3　灰度模式

灰度模式在图像中使用不同的灰度级,在 8 位图像中,最多有 256 级灰度。灰度图像的每个像素有一个 0(黑色)到 255(白色)之间的亮度值。灰度值也可以用黑色油墨覆盖的百分比来表示(0%为白色、100%为黑色)。

在将彩色图像转换为灰度模式时,所有的彩色信息都将丢失。虽然 Photoshop 允许将灰度模式图像再转换为彩色模式,但是原来已丢失的颜色信息将无法再获得,因此在将彩色图像转换为灰度模式之前,应该用"存储为"命令保存一个备份图像。将图 1-1 转换为灰度模式后如图 1-5 所示。

1.3.4　位图模式

位图模式是用黑或白两种颜色来表示图像中的像素,因此位图模式的图像会呈现出纯黑白效果,没有灰度过渡色,所以被称为位映射 1 位图像。该模式下的图像存储量很小。若将 RGB、CMYK 等彩色图像转换为位图模式,不能直接转换,需要先转换为灰度模式后再转换为位图模式。将图 1-5 转换为位图模式后如图 1-6 所示。

图 1-5　　　　　　　　　　　　　　　　图 1-6

1.4　图像文件格式

　　Photoshop CS5 支持多种图像文件格式,各种图像文件格式的不同之处在于:表示图像数据的方式(作为像素还是矢量)、压缩方法以及所支持的 Photoshop 功能。在不同领域、不同的工作环境中,因为用途不同,所使用的图像文件格式也不一样。例如,在互联网中广泛使用的图像格式为具有压缩功能的 JPEG 和 GIF 格式;在彩色印刷领域的图像格式一般为 EPS 或 TIFF 的格式;Word 中的图像格式一般则为 BMP 或 TIF 格式。下面将介绍几种在 Photoshop 中使用非常频繁的图像文件格式。

1.4.1　PSD 格式

　　PSD 格式是 Photoshop 默认的文件格式,而且是除大型文档格式(PSB)之外支持所有 Photoshop 功能的唯一格式。由于 Adobe 产品之间是紧密集成的,因此其他 Adobe 应用程序(如 Illustrator、InDesign、Premiere、After Effects 和 GoLive)可以直接导入 PSD 文件并保留许多 Photoshop 功能。PSD 格式保存了 Photoshop 处理图像中的各种细节,包括图层、通道、滤镜及其他一些信息,所以在编辑图像时可以先用这种格式,编辑完成后,再根据输出需要存储为其他格式的文件。

1.4.2　TIFF 格式

　　标记图像文件格式(TIFF、TIF)用于在应用程序和计算机平台之间交换文件。TIFF 是一种灵活的位图图像格式,受几乎所有的绘画、图像编辑和页面排版应用程序的支持。而且,几乎所有的桌面扫描仪都可以产生 TIFF 图像。TIFF 格式支持具有 Alpha 通道的 CMYK、RGB、Lab、索引颜色和灰度图像,以及没有 Alpha 通道的位图模式图像。

　　Photoshop 可以在 TIFF 文件中存储图层,但是如果在另一个应用程序中打开该文件,则只有拼合图像是可见的。Photoshop 也能够以 TIFF 格式存储注释、透明度和多分辨率金字塔数据。

1.4.3　BMP 格式

　　BMP(Bitmap)是标准的 Windows 图像格式,保存一幅图像中所有的像素信息,图像深度可选 1 bit、4 bit、8 bit 及 24 bit。BMP 格式支持 RGB、索引颜色、灰度和位图颜色模式。

1.4.4　GIF 格式

　　GIF(Graphics Interchange Format,图形交换格式)是 Compuserve 公司所制定的格式,是一种基于 LZW 算法的连续色调的无损压缩格式。因为 Compuserve 公司开放使用权限,所以其广受应用,且适用于各式主机平台,目前几乎所有相关软件都支持它。现今的 GIF 格式仍只能达到 256 色,但它的 GIF89a 格式,能储存成背景透明化的形式,并且可以将数张图存成一个文件,形成动画效果。

1.4.5　JPEG 格式

JPEG(Joint Photographic Expert Group,联合图像专家组)格式是 24 位的图像文件格式,支持 CMYK、RGB 和灰度颜色模式,但不支持透明度。JPEG 也是一种高效率的压缩格式,在存档时能够将人眼无法分辨的资料删除,以节省储存空间,但这些被删除的资料无法在解压时还原,所以 JPEG 档案并不适合放大观看,输出成印刷品时品质也会受到影响,这种类型的压缩档案,称为"失真压缩"或"破坏性压缩"。

1.4.6　EPS 格式

EPS(Encapsulated PostScript)是目前桌面印刷系统普遍使用的通用交换格式当中的一种综合格式。EPS 文件格式又被称为带有预视图像的 PS 格式,它是由一个 PostScript 语言的文本文件和一个(可选)低分辨率的由 PICT 或 TIFF 格式描述的代表像组成。EPS 文件就是包括文件头信息的 PostScript 文件,利用文件头信息可使其他应用程序将此文件嵌入文档。

2 初识 Photoshop CS5

Photoshop 是美国 Adobe 公司推出的专业的图形图像处理软件,广泛应用于影像后期处理、平面设计、数字相片修饰、Web 图形制作、多媒体产品设计等领域,是同类软件中当之无愧的图像处理大师。Photoshop CS5 是 Adobe 公司 2010 年 4 月发行的,有标准版和扩展版两个版本。其中标准版适合摄影师以及印刷设计人员使用;扩展版除了包含标准版的功能外还增添了用于创建和编辑 3D 图形,以及基于动画相关内容的突破性工具。

课堂学习目标

熟悉 Photoshop CS5 的工作界面
掌握图像文件的基本操作
掌握图像显示、画布和图像尺寸调整的基本方法
掌握标尺、参考线和网格等辅助工具的使用方法
熟练使用拾色器、颜色面板、色板面板和吸管工具设置颜色
理解图层的概念,熟悉图层面板,掌握图层的基本操作方法
掌握图像处理中撤消与恢复的操作方法

2.1 Photoshop CS5 的工作界面

运行 Photoshop CS5 后,屏幕上将显示如图 2-1 所示的工作界面,该界面中包括标题

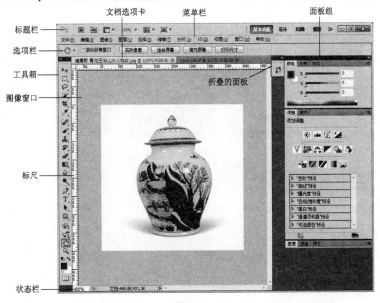

图 2-1

栏、菜单栏、工具箱、选项栏、面板组、图像窗口以及状态栏等部件。这些部件根据工作需要可以进行不同的排列组合,称为工作区,下面进行详细介绍。

2.1.1 标题栏

标题栏位于工作界面的最上方,提供窗口控制、视图控制、工作区切换等按钮,如图 2-2 所示。

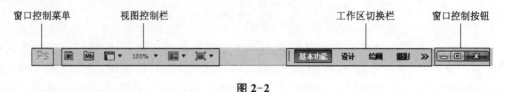

图 2-2

1) 窗口控制菜单和窗口控制按钮

标题栏左端显示的 Photoshop CS5 图标为窗口控制菜单,单击会弹出下拉式菜单,显示还原、移动、大小、最小化、最大化和关闭等窗口操作命令;右端为窗口最小化、最大化和关闭三个窗口控制按钮。

2) 视图控制栏

视图控制栏可快速调整界面显示方式,提供启动 Bridge、启动 Mini Bridge、查看额外内容、缩放级别、排列文档、屏幕模式等功能。

(1)"查看额外内容"：可显示或隐藏参考线、网格、标尺等辅助工具,如图 2-3 所示;

(2)"缩放级别"：可以选择图像窗口的显示比例,选择列表如图 2-4 所示;

(3)"屏幕模式"：由于屏幕大小的限制,往往不能完整显示大尺寸的图像,这时可能需要调整"屏幕模式"来预览图像,选择列表如图 2-5 所示;

(4)"排列文档"：当同时打开多个文档时,"排列文档"可以选择不同的文档排列模式,如图 2-6 所示。

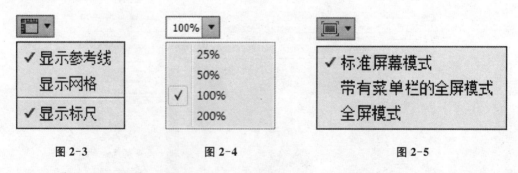

图 2-3   图 2-4   图 2-5

3) 工作区切换栏

工作区切换栏显示基本功能、设计、绘画、摄影 4 种工作区的切换按钮,通过单击不同的工作区按钮,可以切换到不同的工作环境,方便用户进行设计、排版以及绘画等操作。默认情况下的工作区为"基本功能"工作区。

2.1.2　菜单栏及其快捷方式

Photoshop 中获取命令有多种方式,分别是菜单栏、快捷键、右键快捷菜单、工具箱、面板等。

1) 菜单栏

Photoshop CS5 的菜单栏中包括文件、编辑、图像、图层、选择、滤镜、分析、3D、视图、窗口、帮助等菜单。使用这些菜单中的命令可执行大部分的操作。将鼠标指针指向带有三角形标志▶的菜单命令中,会自动弹出下级菜单。在菜单命令中,有些命令呈灰色,表示未被激活,当前不能使用;有些命令后面有按键组合(快捷键),按下这些键,便可执行相应的命令,如"还原"的快捷键为【Ctrl+Z】。

2) 快捷菜单

除了主菜单外,Photoshop CS5 还提供快捷菜单,单击鼠标右键即可打开快捷菜单,以方便用户更加快速地操作命令。对于不同的图像编辑状态,系统所打开的快捷菜单不同。例如,当选择好对象,执行"编辑>自由变换>"命令后,在选择区中单击鼠标右键,弹出的快捷菜单如图 2-7 所示。

图 2-6

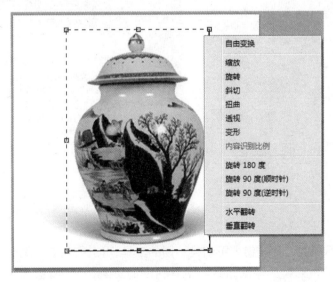

图 2-7

2.1.3　工具箱

默认状态下,Photoshop CS5 工具箱位于窗口左侧,使用鼠标单击某工具按钮即可选中该工具。通过这些工具,可以输入文字,执行选择、绘画、编辑、移动、注释和查看图像等命令,或对图像进行取样。有些工具按钮右下方有一个三角形符号,表示该工具是一个工具组,其中还有相同类型的工具,单击该工具会显示该工具组中的所有工具。工具箱中的所有工具如图2-8所示。

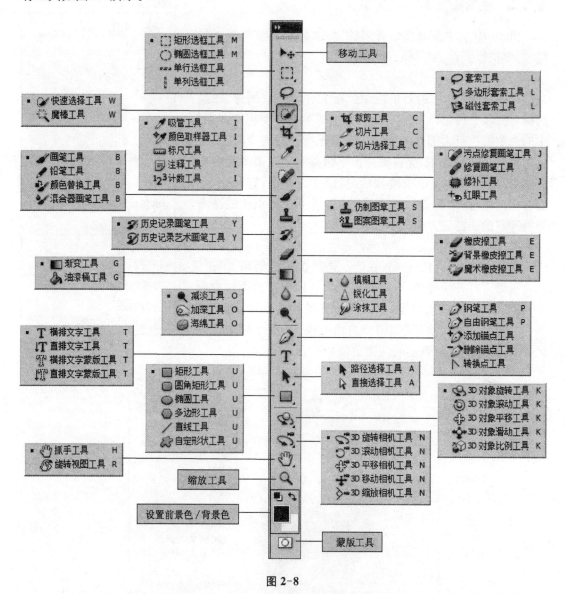

图 2-8

用鼠标单击不同的工具按钮即可切换不同的工具；可以按住【Alt】键，单击工具按钮以切换工具组中不同的工具。将鼠标指向工具箱中的工具按钮，将会出现一个工具名称的注释。

工具箱的下方还有下列按钮：

（1）还原为默认的前景色与背景色按钮 ；

（2）切换前景色与背景色按钮 ；

（3）设置前景色与背景色按钮 ；

（4）在两种编辑模式（标准模式/快速蒙版模式）之间的切换按钮 。

2.1.4 选项栏

选项栏用于设置工具箱中各个工具的属性参数，它位于菜单栏的下方。当用户选中工具箱中的某个工具时，选项栏就会改变成相应工具的属性设置选项，所以此栏是动态变化的，会随着用户所选工具的不同而发生变化，用户可以很方便地利用它设置工具的各项属性，图 2-9 所示为"矩形选框工具"的选项栏。

图 2-9

2.1.5 面板组

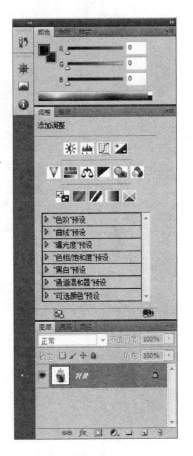

面板的主要功能是帮助用户监控和修改图像。在面板中可以完成各种图像处理操作和工具的参数设定，如图像的显示信息、颜色选择、路径编辑、图层设置、通道控制等主要操作。默认情况下，常用的面板被组合放置在三个面板组中，分别为"颜色、色板、样式"面板组、"调整、蒙版"面板组和"图层、通道、路径"面板组，如图 2-10 所示。

单击面板组中的面板选项卡即可打开该面板，如图 2-10 所示的"图层"面板。

单击整个面板组集右上角的"折叠为图标"按钮 ⏩ 可以折叠面板组集，腾出更大的空间，⏩ 变换为"展开面板"按钮 ⏪ ；单击按钮 ⏪ 可展开被折叠的面板组集。

双击面板组中的面板选项卡标签名或选项卡标签名右侧的空白区域，可以折叠一组面板，只显示选项卡标签名。三组折叠的面板组如图 2-11 所示。

图 2-11

图 2-10

单击面板右上角的菜单按钮 ▼☰ 可以选择相应的功能操作。

所有面板均可以通过执行"窗口"菜单中的命令打开。

将面板还原到默认状态，请执行"窗口＞工作区＞复位基本功能"菜单命令。

2.1.6 状态栏

状态栏位于图像窗口的底部，由两部分组成：图像窗口显示比例、文件信息，用来显示或设置图像的显示比例、显示图像文件信息和提供一些当前操作的帮助信息。

2.2 图像文件操作

2.2.1 新建图像文件

要制作一幅新的图像，执行"文件＞新建"菜单命令，或按快捷键【Ctrl＋N】，弹出如图2-12所示的"新建"图像文件对话框，完成下列参数的设置。

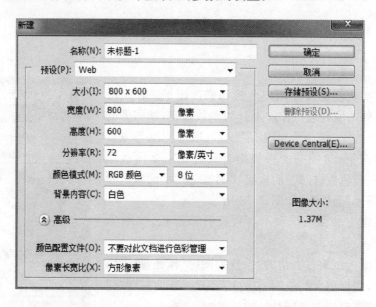

图 2-12

（1）名称：在其右侧的文本框中输入新建图像的文件名，默认情况下为"未标题-1"。

（2）预设：在它的下拉列表中可以选择系统预设的图像尺寸。其中预设项"国际标准纸张"中有 A3、A4、B5 等常用的纸张尺寸；"Web"中有"640×480""800×600""1 024×768"等常见的屏幕尺寸。

当在"宽度"和"高度"中自行设置图像的尺寸时，其预设将自动变为"自定"选项；如果用户将图像或某个选区复制到剪贴板，则预设为"剪贴板"，新建图像的尺寸会自动基于该图像或选区的尺寸。

（3）宽度：设置新建图像的宽度尺寸。可以自行设置所使用的单位，其中包括像素、英寸、厘米、毫米、点、派卡和百分比等。

（4）高度：设置新建图像的高度尺寸。

（5）分辨率：用来设置新建图像的分辨率，其单位有像素/英寸和像素/厘米。一般用于打印输出的分辨率为 300 像素/英寸、屏幕显示的分辨率为 72 像素/英寸。

（6）颜色模式：设置新建图像所使用的颜色模式，其中包括位图、灰度、RGB 颜色、CMYK 颜色、Lab 颜色 5 个选项。如果是印刷或打印需要则选择 CMYK 颜色；其他则选择 RGB 颜色即可。位数有 1 位、8 位、16 位、32 位，其中位图模式图像只能有黑白两种颜色，因此位数为 1 位。有关颜色模式可参看第 1 章的相关介绍。

（7）背景内容：设置新建图像的背景，选择"白色"选项，将创建白色背景的文件。选择"背景色"选项，将创建与当前工具箱中背景色相同的图像。选择"透明"选项，将创建透明背景的图像。

（8）高级：单击此按钮，可设置颜色配置文件和像素的长宽比例。

设置完成后，单击"存储预设"按钮，可将这些设置存储为预设，留待以后重复使用；或单击"确定"按钮新建图像文件。

【课堂制作 2.1】 新建图像文件

新建一个图像文件，"名称"为练习，"宽度"为 10 厘米，"高度"为 10 厘米，"分辨率"为 300 像素/英寸，"颜色模式"为 RGB 颜色、8 位，"背景内容"为白色。设置各选项及参数后的"新建"对话框如图 2-13 所示。

参数设置完毕后，单击"确定"按钮，即可按照所设置的选项及参数创建一个新文件。

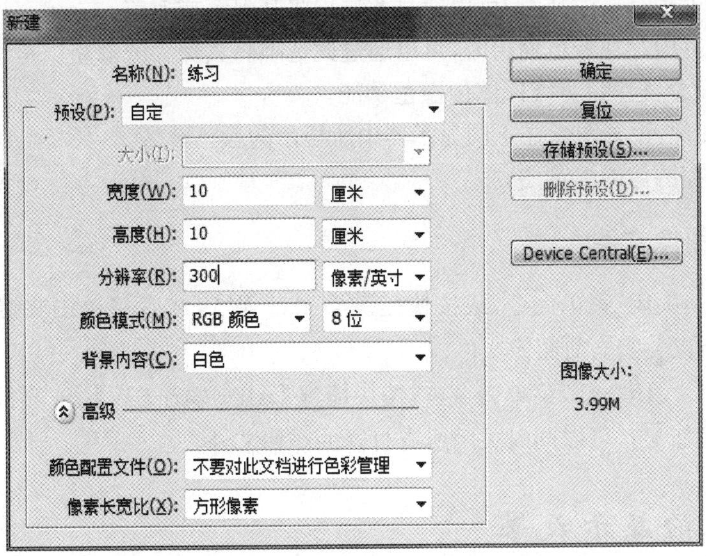

图 2-13

2.2.2　打开图像文件

要打开图像文件，执行"文件＞打开"菜单命令，或按快捷键【Ctrl＋O】，弹出"打开"文件对话框，在"查找范围"中选择文件所在的文件夹；在"文件类型"下拉列表框中选择要打开文件的类型，这样可以缩小选择范围；在中间的文件列表框找到满足条件的文件，单击选择后再单击"打开"按钮，或直接双击该文件打开文件。

在"打开"文件对话框中，可以按住【Ctrl】或【Shift】同时选择多个图像文件，或直接用鼠标框选图像文件，单击"打开"按钮，即可打开多个图像文件。

如果想打开最近打开过的图像文件，单击"文件"菜单，鼠标指针指向"最近打开文件"命令，将显示最近打开过的文件列表，单击某个文件名可以直接打开该文件。

2.2.3　保存图像文件

要保存图像文件,执行"文件>存储"菜单命令,或按快捷键【Ctrl+S】。如果是第一次保存该文件,则弹出"存储为"对话框,在"保存在"下拉列表中选择文件保存的文件夹;在"文件名"文本框中输入文件名;在"格式"下拉列表框中选择要保存的文件类型,默认为 PSD;单击"保存"按钮。如果再次使用"存储"命令,系统将只做保存操作而不弹出"存储为"对话框。

"存储为"对话框中"存储选项"栏的作用:

作为副本:以拷贝的方式保存图像文件。对原文件进行备份而使原文件不受影响以编辑原文件。

Alpha 通道:当前文件中存在 Alpha 通道时,选择是否保存 Alpha 通道。

图层:保留图像中的所有图层。如果该选项不选,则所有图层将被合并为一个图层。

注释:当文件中存在注释时,可以通过此选项将其保存或忽略。

专色:当文件中存在专色通道时,可以通过此选项将其保存或忽略。

使用校样设置:检测 CMYK 图像溢色功能。

ICC 配置文件:设置图像在不同显示器中所显示的颜色一致。

缩览图:保存图像的缩览图。

2.2.4　关闭图像文件

执行"文件>关闭"菜单命令,或按快捷键【Ctrl+W】,或直接单击文档窗口右上角的关闭按钮 ✕ ,可以关闭当前图像文件。

执行"文件>关闭全部"菜单命令,或按快捷键【Alt+Ctrl+W】,或直接单击软件窗口右上角的关闭按钮 ✕ ,可以同时关闭所有打开的图像文件。

2.3　图像的显示效果

在 Photoshop CS5 中编辑一幅图像时,常常要将其放大或缩小,以查看图像的细节或整体。

2.3.1　图像放大显示

选择工具箱中的"缩放工具" 🔍 或按快捷键【Z】,将鼠标指针移动到图像中,当指针变为 🔍 形状时,在图像中单击即可放大图像,多次单击则按 100%、200%、300% 等连续放大图像。

也可以直接使用快捷键【Ctrl++】放大图像。

如果想在其他操作中临时切换到放大工具,可以按【Ctrl+空格键】。

2.3.2　图像缩小显示

选择工具箱中的"缩放工具" 🔍 或快捷键【Z】,在其选项栏中单击 🔍 按钮,将鼠标指针

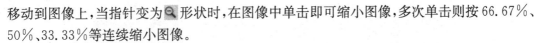

移动到图像上,当指针变为 ⊖ 形状时,在图像中单击即可缩小图像,多次单击则按 66.67%、50%、33.33%等连续缩小图像。

也可以直接使用快捷键【Ctrl+-】缩小图像。

如果想在其他操作中临时切换到缩小工具,可以按【Alt+空格键】。

在放大状态时,按住【Alt】键,放大工具会临时变成缩小工具 ⊖ ,反之亦然。

2.3.3 100%显示图像

如果想将图像恢复到原始大小(100%)显示状态,有以下几种途径:

(1) 双击工具箱中的"缩放工具" ⊕ 。

(2) 按快捷键【Ctrl+1】。

(3) 单击缩放工具选项栏中的"实际像素"按钮。

(4) 在状态栏的文档窗口显示比例框中输入 100,回车。

2.3.4 适合屏幕、填充屏幕、打印尺寸显示图像

在缩放工具的选项栏中还有"适合屏幕""填充屏幕"和"打印尺寸"3 个按钮。

适合屏幕:将当前图像缩放为文档窗口大小。

填充屏幕:缩放当前图像以填满文档窗口。

打印尺寸:将当前图像按打印分辨率缩放。

2.3.5 观察放大图像

当图像放大到无法全部显示的情况下,用户通过鼠标可自由控制图像在工作区中的显示位置,对图像边缘、细节进行查看,主要操作方法有如下几种:

1)抓手工具

在工具箱中选择"抓手工具" ✋ ,将鼠标指针移到图像上,此时指针变为 ✋ 形状,按住左键拖动即可显示出图像的其他部分。

如果想在其他操作中临时切换到抓手工具,可以按住【空格键】,再按住鼠标左键拖动即可实现图像的平移。

2)导航器

执行"窗口>导航器"菜单命令,弹出"导航器"面板。将鼠标指针移动到"导航器"面板中的红色方框上,此时指针变为 ✋ 形状,拖动红色方框,方框中的图像就是文档窗口中要显示的图像部分,如图 2-14 所示。

拖动"导航器"面板下面的滑块,或在文本框中直接输入数值,可以缩放图像。

3)滚动条

用鼠标拖动文档窗口的滚动条可以移动图像;利用鼠标滚轮也可以上下移动图像。

图 2-14

2.4 辅助工具的使用

在图像的编辑过程中,使用标尺、参考线、网格等辅助工具,能够帮助我们更好、更准确地完成对图像的选择、定位等操作。

2.4.1 标尺

标尺用于帮助用户对操作对象进行测量。利用标尺不仅可以测量对象的大小,还可以从标尺上拖出参考线,以帮助获取图像的边缘。

1）显示或隐藏标尺

执行"视图＞标尺"菜单命令,或按快捷键【Ctrl＋R】,可以在文档窗口的顶部和左侧显示或隐藏标尺。

2）改变标尺的单位

若工作需要,可以执行"编辑＞首选项＞单位与标尺"菜单命令,在弹出的对话框中设定标尺单位;或在标尺上右击,在弹出的快捷菜单中选择所需要的单位以改变标尺的单位。

2.4.2 参考线

参考线分为水平参考线和垂直参考线,能够帮助用户对齐图像并准确放置图像的位置,根据需要可以在文档窗口放置任意数量的参考线。参考线在文件打印输出时是不会被打印出来的。

1）创建参考线

执行"视图＞新建参考线"菜单命令，弹出"新建参考线"对话框，选择水平或垂直，输入相应的距离值来确定位置，可以创建水平或垂直参考线。

或者将鼠标指针置于标尺上，按住鼠标左键不放，向图像内部拖动，也可以创建参考线。

通过执行"编辑＞首选项＞参考线、网格和切片"菜单命令，可以改变参考线的颜色或样式。

2）显示与隐藏参考线

执行"视图＞显示＞参考线"菜单命令可以显示或隐藏参考线。

3）移动参考线

选择"移动工具"，然后将鼠标指针置于参考线上，当指针变成双向箭头时按住鼠标左键拖动，即可调整参考线的位置。

4）锁定与解锁参考线

执行"视图＞锁定参考线"菜单命令可以锁定参考线，防止在操作时移动参考线；再次执行该命令，可以解除参考线的锁定。

5）清除参考线

在未锁定参考线的状态下，使用移动工具将参考线拖到图像显示区域外即可清除参考线；如果要清除图像中的所有参考线，可以执行"视图＞清除参考线"菜单命令。

6）智能参考线

智能参考线是另一种参考线，通过智能参考线可以对齐图像、形状、切片和选区。

执行"视图＞显示＞智能参考线"菜单命令可以启用智能参考线，当拖动对象时会自动出现智能参考线，帮助用户对齐其他对象。

2.4.3 网格

网格比参考线更能精确地对齐图像与放置图像。

1）显示与隐藏网格

执行"视图＞显示＞网格"菜单命令，或按快捷键【Ctrl＋'】，可以显示或隐藏网格。

2）对齐网格

执行"视图＞对齐到＞网格"菜单命令，在创建选区或者移动图像等操作时，对象会自动对齐到网格上，便于我们更准确地实现对图像的编辑。在 Photoshop CS5 的默认状态下，该命令处于激活状态。

2.5 画布和图像尺寸的调整

2.5.1 画布尺寸的调整

画布是指当前图像周围的工作区域，通过画布尺寸的调整，可以增加或减少当前图像周围的工作区。

执行"图像＞画布大小"菜单命令，弹出"画布大小"对话框，如图 2-15 所示，其中参数设置如下：

图 2-15

当前大小：显示当前画布的大小及宽度和高度尺寸。

新建大小：显示画布尺寸调整后的大小。

宽度和高度：用于设置新画布的宽度和高度。

相对：该复选框用于指定新画布的尺寸是相对原始画布尺寸增大或减小，负数将减小画布尺寸。

定位：单击某个方块以确定原始画布在新画布上的位置。默认处于新画布的正中间。

画布扩展颜色：在该下拉列表框中选择画布扩展部分的填充色，也可直接单击其右侧的颜色块，在弹出的"选择画布扩展颜色"对话框中设置画布填充的颜色。

注意：如果新设置的画布小于原画布大小，会弹出"对图像进行剪切"的警告信息，单击"继续"按钮，Photoshop 将对图像进行剪切。

2.5.2　图像尺寸的调整

执行"图像＞图像大小"菜单命令，弹出"图像大小"对话框，如图 2-16 所示，其中参数设置如下：

宽度/高度：在该文本框中输入数值，可以调整图像的大小。

分辨率：在该文本框中输入数值，可以调整图像的分辨率。

缩放样式：选择该复选框，对图像进行放大或缩小时，当前图像中所应用的图层样式也会随之放大或缩小。

约束比例：选择该复选框，将会限制宽高比。即"宽度"和"高度"选项的后面出现一个图标，当改变某个选项时，另一选项会按比例发生相应的变化。

重定图像像素：选择该复选框，"文档大小"栏中的宽度、高度、分辨率改变时，"像素大小"栏中的宽度和高度会自动调整；取消该复选框，"像素大小"栏变为固定值，保持原来的大小。

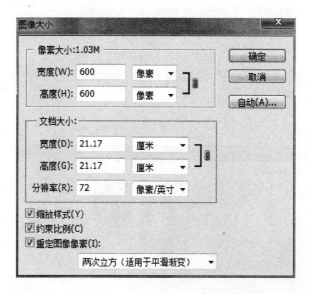

图 2-16

2.6 设置绘图颜色

Photoshop 处理图像时,颜色的设置是必不可少的,也是重要的基础操作。使用"拾色器"对话框、"颜色"和"色板"面板可设置及管理颜色。

2.6.1 前景色与背景色

Photoshop 中颜色的设置,主要通过前景色与背景色来完成。前景色与背景色显示在工具箱的底部,如图 2-17 所示。默认情况下,前景色为黑色,背景色为白色。

单击"默认前景色和背景色"按钮,可将前景色与背景色设置为默认的黑色与白色。

单击"切换前景色和背景色"按钮可以转换前景色与背景色。

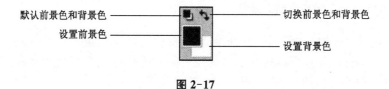

图 2-17

"设置前景色"样本块可用于显示和设置当前所选绘图工具所使用的颜色。

"设置背景色"样本块可显示和设置图像的底色。设置背景色后,并不会立刻改变图像的背景色,只有在使用了与背景色有关的工具时,才会按背景色的设定来执行。例如,使用"橡皮擦工具"擦除图像时,其擦除的区域将会以背景色填充。

2.6.2 使用"拾色器"对话框设置颜色

如果要重新设置前景色与背景色,可在工具箱中单击"设置前景色"样本块或"设置背景色"样本块,即可弹出如图 2-18 所示的"拾色器"对话框。

此对话框默认右边的 HSB 方式的 H 被选择,则中间的颜色滑杆就是色相色谱,即红、橙、黄、绿、青、蓝、紫,可以拖动三角形滑块或直接在颜色滑杆上单击所需的颜色;左边的色域则提供对应颜色的饱和度和明度,可以从中进一步选择颜色后单击,取样后的颜色会在"新的"预览处显示。

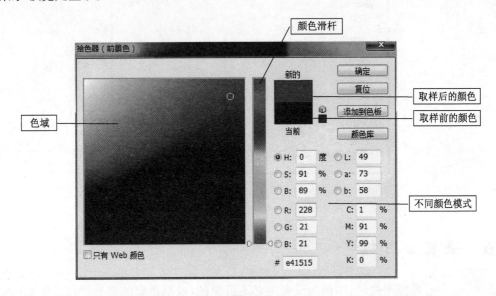

图 2-18

也可以在对话框右边的 4 种颜色模式输入框中输入数值来设置前景色与背景色。例如,要在 RGB 模式下设置颜色,只需在 R、G、B 输入框中输入十进制整数即可,或者在标有"♯"的文本框中输入十六进制表示的颜色值。

单击"确定"按钮,即可用所选择的颜色来改变当前的前景色或背景色。

如果图像是用于互联网的,可在"拾色器"对话框中选择"只有 Web 颜色",此时颜色区只显示网页安全颜色。

2.6.3 使用"颜色"面板设置颜色

利用"颜色"面板选择颜色,与"拾色器"对话框中选择颜色是一样的,都可方便、快速地设置前景色或背景色,并且可以选择不同的颜色模式进行选色。"颜色"面板默认处于打开状态,也可以按【F6】键打开颜色面板,如图 2-19 所示。

在此面板中单击"设置前景色"样本块或"设置背景色"样本块,当其周围出现黑色框线时,表示前景色或背景色被选中,然后在颜色滑杆上单击或拖动三角滑块来设置前景色或背景色。如果样本块周围出现黑色框线时继续单击"设置前景色"样本块或"设置背景色"样本块,将会弹出"拾色器"对话框。也可以通过单击"颜色"面板底部的色谱条直接选取颜色。

在默认情况下,"颜色"面板显示 RGB 滑块,如果需要改变当前的颜色模式,可在此面板右上角单击 按钮,在弹出的下拉菜单中选择其他模式的滑块。在不同的颜色模式下,此面板中的颜色滑块数量与类型也不一样,例如,选择"CMYK 滑块"菜单选项时的"颜色"面板如图 2-20 所示。

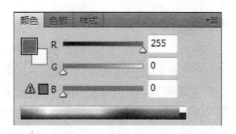

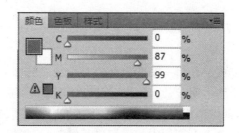

图 2-19　　　　　　　　　　　　　　　　　图 2-20

2.6.4　使用"色板"面板设置颜色

除了上述的方法外,利用"色板"面板也可快速、方便地设置前景色与背景色。此面板中的颜色都是预先设置的,可以直接选取使用。执行"窗口＞色板"菜单命令,可弹出如图 2-21 所示的"色板"面板。

"色板"面板对颜色的设置是根据"颜色"面板中前景色或背景色的选择(谁周围出现黑色框线)来定的。如果"颜色"面板中选择的是前景色,则在"色板"面板中单击颜色块设置的是前景色;按住【Ctrl】键并单击面板中的颜色块则设置的是背景色。

"色板"面板最大的用途在于保存颜色,以便需要时选择此颜色,具体操作如下:

将鼠标指针移至"色板"面板色块中的空白区域,此时指针变成油漆桶形状,单击可弹出"色板名称"对话框,如图 2-22 所示,单击"确定"按钮,即可将当前的前景色添加到"色板"面板中。或者单击"色板"面板下面的"创建前景色的新色板"按钮，直接将当前的前景色添加到"色板"面板中。

如果要删除"色板"面板中的某个颜色块,按住【Alt】键,将鼠标指针指向该色块,当指针变为剪刀状时单击,即可删除该颜色块。或者将色块拖到"色板"面板下面的删除按钮上也可以删除色块。

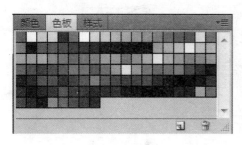

图 2-21　　　　　　　　　　　　　　　　　图 2-22

2.6.5　使用吸管工具设置颜色

使用"吸管工具"可以直接在图像区域中进行颜色采样,并将采样颜色作为前景色或背景色。

单击工具箱的"吸管工具"按钮,将鼠标移到图像中需要选取的颜色上单击,就可直接设置新的前景色;如果要设置背景色,则按住【Alt】键在图像中需要选取的颜色上单击即可。

2.7 图层基础知识

图层是将一幅图像分为几个独立的部分,每一部分放在相应独立的图层上。图层就好比一张透明胶片,透过这张胶片可以看到后面没遮盖住的东西,将这些透明胶片叠放到一起,即可形成一幅完整的图像。在合并图层之前,图像中每个图层都是相互独立的,可以对其中某一个图层中的元素进行绘制、编辑以及粘贴等操作,而不会影响到其他图层。此外,Photoshop CS5 的图层混合模式和不透明度功能可以将两层图像混合在一起,从而得到许多特殊效果。

2.7.1 "图层"面板

对图层的操作都可通过"图层"面板来完成。默认状态下,"图层"面板显示在工作界面的右侧,如果没有显示,可执行"窗口＞图层"菜单命令。打开"第二章\素材\图层实例.psd"文件,"图层"面板如图 2-23 所示。

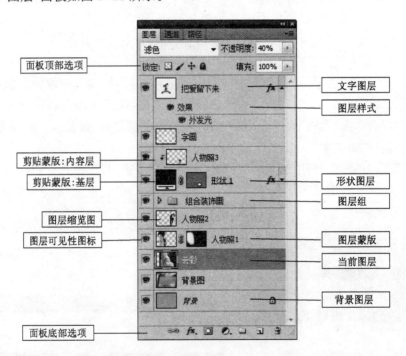

图 2-23

下面对"图层"面板各部分的作用逐一进行介绍:

1)"图层"面板顶部选项

(1)面板菜单:在右上角单击 按钮,可弹出面板菜单,从中可以选择相应的命令对图层进行操作。

(2)图层混合模式:单击下拉列表框 正常 ,可从弹出的下拉列表中选择不同的混合模式。

(3)不透明度 不透明度: 100% :用于设置当前图层的总体透明度,数值越小越透明。

（4）锁定：在此选项区中有 4 个按钮，单击某一个按钮就会锁定相应的内容。

① 单击"锁定透明像素"按钮 ⊠，可使当前图层的透明区域一直保持透明效果。

② 单击"锁定图像像素"按钮 ✐，可将当前图层中的图像锁定，不能进行编辑。

③ 单击"锁定位置"按钮 ✛，可锁定当前图层中的图像所在位置，使其不能移动。

④ 单击"全部锁定"按钮 🔒，可同时锁定图像的透明度、像素及位置，不能进行任何修改。

（5）填充 填充：100% ▸：用于设置当前图层中非图层样式部分的透明度，数值越小越透明。

2）"图层"面板中间选项

（1）图层可见性图标 👁：单击该图标用于显示或隐藏图层。当图标显示为 👁 时，此图层处于显示状态；当图标显示为 □ 时，此图层处于隐藏状态。

（2）图层缩览图：在图层名称的左侧有一个图层缩览图，其中显示着当前图层中的图像缩略图，可以迅速辨识每一个图层。当对图层中的图像进行修改时，图层缩览图的内容也会随之改变。

（3）图层名称：每个图层都要定义不同的名称，以便于区分。如果在创建图层时没有命名，Photoshop 则会自动按图层 1、图层 2、图层 3，依此类推进行命名。

（4）当前图层：在"图层"面板中以蓝色显示的图层，表示正在编辑，因此称为当前图层。绝大部分编辑命令都只对当前图层可用。要切换当前图层，只需单击该图层。

3）"图层"面板底部选项

（1）链接图层 🔗：用于将多个图层链接在一起。

（2）添加图层样式 fx：单击此按钮，可从弹出的下拉菜单中选择一种图层样式，以应用于当前图层。

（3）添加图层蒙版 ◻：单击此按钮，可在当前图层上创建图层蒙版。

（4）创建新的填充或调整图层 ◑：单击此按钮，可从弹出的下拉菜单中选择以创建填充图层或调整图层。

（5）创建新组 ▭：单击此按钮，可以创建一个新图层组。

（6）创建新图层 ◰：单击此按钮，可以创建一个新图层。

（7）删除图层 🗑：单击此按钮，可将当前图层删除，或用鼠标将图层拖至此按钮上删除。

2.7.2　选择图层

当要在某个图层上进行操作时，必须先选择此图层，选择图层的方法有以下几种：

（1）在"图层"面板上单击图层即可选择此图层，被选择的图层以蓝色显示。

（2）选择连续的图层：先选择第一个图层，然后按住【Shift】键单击最后一个图层。

（3）选择不连续的图层：先选择第一个图层，然后按住【Ctrl】键单击其他图层即可。

一旦选择了多个图层，就可以将移动、缩放等变换操作作用于所有被选择图层上的图像。

（4）选择"背景"图层外的所有图层：执行"选择＞所有图层"菜单命令，或按快捷键【Ctrl＋Alt＋A】。

（5）选择相似图层：选择某个图层，然后执行"选择＞相似图层"菜单命令，可选择同类型的图层，如普通图层、文字图层、形状图层、填充图层、调整图层等。

（6）在文档窗口中选择图层：选择"移动工具"，在"移动工具"选项栏中选择"自动选择"复选框，并在其右边的下拉列表中选择"图层"，如图 2-24 所示。以后使用移动工具在文档窗口中单击图像，即可选择该图像所在的图层。

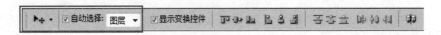

图 2-24

2.7.3　新建图层

新建图层是图像处理中最常用的操作之一，新建图层的方法有以下几种：

（1）单击"图层"面板的"创建新图层"按钮 ，即可在当前图层的上方创建一个新图层。按住【Ctrl】键的同时单击"创建新图层"按钮，可以在当前图层的下方创建一个新图层。

（2）执行"图层＞新建＞图层"菜单命令，弹出"新建图层"对话框，如图 2-25 所示。在其中设置各项参数后，单击"确定"按钮。

（3）单击"图层"面板右上角的面板菜单按钮 ，在弹出的下拉菜单中选择"新建图层"命令，也会弹出"新建图层"对话框，从而新建图层。

注意：双击"背景"图层名，也会弹出"新建图层"对话框，但确定后将把背景图层转换为普通图层。

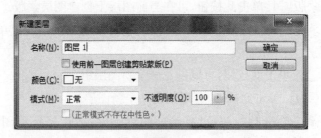

图 2-25

2.7.4　复制图层

通过复制图层，可以创建当前图层中的图像副本。复制图层的方法有以下几种：

（1）选择要复制的图层，然后执行"图层＞复制图层"菜单命令，在弹出的"复制图层"对话框中输入该图层名称。

（2）选择要复制的图层，用鼠标将该图层拖动到"图层"面板的"创建新图层"按钮 上即可。

（3）选择要复制的图层，按快捷键【Ctrl＋J】，执行"通过拷贝的图层"命令来复制图层。

注意：如果按【Ctrl＋J】时存在选区，则只把选区里的图像复制到新图层中。常用此方法复制选区里的局部图像。

（4）按住【Alt】键并拖动要复制的图层，即可复制该图层。

（5）如果要在不同图像文件间复制图层，同时打开两个文件，并排显示，然后将一个文件中要复制的图层直接拖至目标文件窗口中即可完成复制图层操作。

2.7.5 删除图层

删除图层的方法有以下几种：

（1）选择要删除的图层，单击"图层"面板的"删除图层"按钮 🗑（或直接将图层拖至该按钮上）。

（2）右击要删除的图层，在弹出的快捷菜单中选择"删除图层"命令。

（3）单击【Delete】键，也可以将当前选择的图层删除。

2.7.6 调整图层的顺序

在"图层"面板上，图层的上下排列顺序决定各层图像的相互遮盖关系，上面图层的不透明区域会遮盖下面图层的内容。一旦改变了原有的图层顺序，也就改变了它们的遮盖关系。

选择要调整顺序的图层，执行菜单"图层＞排列"下的一组命令可以改变图层的排列顺序，命令如下：

（1）"前移一层"命令（快捷键【Ctrl＋]】），该图层上移一层。

（2）"后移一层"命令（快捷键【Ctrl＋[】），该图层下移一层。

（3）"置为顶层"命令（快捷键【Ctrl＋Shift＋]】），该图层上移到最上层。

（4）"置为底层"命令（快捷键【Ctrl＋Shift＋[】），该图层下移到最下层。

（5）"反向"命令，将选择的多个图层顺序反向排列。

在"图层"面板中也可以直接用鼠标将图层拖至目标位置，然后释放鼠标来调整该图层的顺序。

注意：背景图层不能移动。

2.7.7 图层的链接和排列

1）链接图层

Photoshop CS5 允许在多个图层间建立链接关系，以便将这些图层中的图像作为一个整体进行移动、缩放和旋转等变换操作。另外，对存在链接关系的图层，可进行对齐、分布和选择链接图层等操作。

要链接多个图层，先选择好这些图层，然后单击"图层"面板下方的"链接图层"按钮 🔗，即可将所有选中的图层链接起来。打开"第二章\素材\链接与对齐.psd"文件，如图2-26所示的 3 个图层便是链接图层。此时，图层名称右侧出现链接标记 🔗。

选择链接图层中的某个图层，即可选择所有链接图层，方便整体操作。

要取消图层的链接关系，先选择存在链接关系的图层，然后单击"图层"面板下方的"链接图层"按钮 ，该图层即取消链接关系。

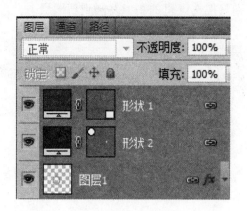

图 2-26

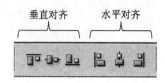

图 2-27

2）对齐链接图层

在对多个图层进行编辑操作时，有时为了创作出精确的效果，需要将多个图层中的图像进行对齐或等间距分布操作。

链接图层要执行"对齐"命令，可以选择菜单"图层＞对齐"子菜单下的命令，也可以在移动工具选项栏中单击各个对齐按钮来完成操作，如图 2-27 所示。

如图 2-28(a)所示，已建立了 3 个图层的链接关系，并选择了"图层 1"，3 个图层中的图

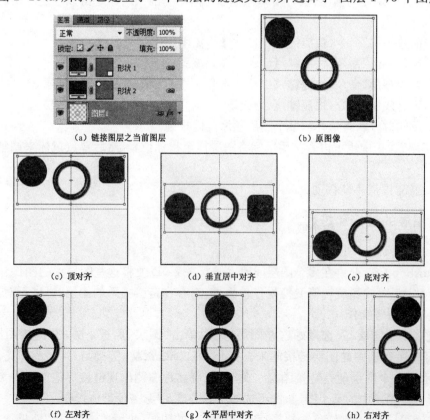

图 2-28

形对象也已被全部选中,如图 2-28(b)所示。在链接图层的对齐操作中,当前图层为基准图层,该图层中图像的位置保持不变。对齐操作的示意图如图 2-28 所示,其中当前图层为包含玉镯的图层 1。

Photoshop CS5 中,若同时选择了多个图层,即使它们之间无链接关系,也可以使用上述对齐命令将这些图层对齐。

3) 分布链接图层

链接图层要执行"分布"命令,可以选择菜单"图层＞分布"子菜单下的命令,也可以在移动工具选项栏中单击各个分布按钮来完成操作,如图 2-29 所示,分布方式也有 6 种。

(1) 顶边:使得链接图层中各对象顶端的水平线之间的距离相等。

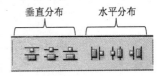

图 2-29

(2) 垂直居中:使得链接图层中各对象中心的水平线之间的距离相等。

(3) 底边:使得链接图层中各对象底端的水平线之间的距离相等。

(4) 左边:使得链接图层中各对象左侧的竖直线之间的距离相等。

(5) 水平居中:使得链接图层中各对象中心的竖直线之间的距离相等。

(6) 右边:使得链接图层中各对象右侧的竖直线之间的距离相等。

执行垂直方向的分布命令"顶边""垂直居中""底边"时,链接图层中上下两端对象的位置保持不变,中间对象只在垂直方向上等间距移动。同样,执行水平方向的分布命令"左边""水平居中""右边"时,链接图层中左右两端对象的位置保持不变,中间对象只在水平方向上等间距移动。

在 Photoshop CS5 中进行分布操作时,不管当前层是链接图层中的哪一层,分布结果都是一样的;若同时选择了多个图层(不含背景图层),即使它们之间无链接关系,也可以使用上述分布命令对这些图层进行分布操作。

注意:若链接图层中包含背景图层,则不能进行分布操作。

2.7.8　合并图层

合并图层可有效地减少图像占用的存储空间,提高 Photoshop 的工作效率。常见的合并方法有以下几种:

(1) 合并图层:选择两个或多个图层,执行"图层＞合并图层"菜单命令(快捷键【Ctrl＋E】),就可以将选中的图层合并到最上面的图层中。合并图层时,其中的隐藏图层被自动丢弃。

(2) 向下合并:选择一个图层,执行"图层＞向下合并"菜单命令(快捷键【Ctrl＋E】),将当前图层与下一图层合并(当前图层与下一图层都必须可见)。合并后的图层名称、混合模式、图层样式等属性与合并前的下一图层相同。

(3) 合并可见图层:执行"图层＞合并可见图层"菜单命令(快捷键【Ctrl＋Shift＋E】),可以将所有可见图层合并为一个图层,隐藏的图层则保持不变。

(4) 拼合图像:执行"图层＞拼合图像"菜单命令,可以将当前文件的所有可见图层合并到背景层中。如果文件中有隐藏图层,则系统会弹出对话框要求用户确认拼合操作,拼合图像后,隐藏的图层将被删除。

2.7.9　图层组

复杂的图形作品使用图层组可以方便图层的组织和管理,不仅能够充分利用"图层"面板的空间,还可以对图层组中的图层进行高效、统一的管理。例如,同时调整图层组中所有图层的不透明度、可见性、排列顺序等。

1)创建图层组

单击"图层"面板中的"创建新组"按钮，即可在当前图层或图层组的上面新建一个图层组。然后在选择图层组的情况下新建图层,就会在图层组里面创建图层,如图 2-30 所示。

选择一个或多个图层,执行"图层>图层编组"菜单命令(快捷键【Ctrl＋G】),可以将选择的图层放入同一个新图层组内。

(a) 当前图层　　　　　　　(b) 新建图层组　　　　　　　(c) 新建图层

图 2-30

2)嵌套图层组

Photoshop CS5 支持图层组的嵌套,最多可以为 5 级。选中图层组中的图层,单击"图层"面板中的"创建新组"按钮，即可在图层组中创建新组。

3)编辑图层组

单击图层组名称前的 ▷ 图标,可以展开图层组,单击 ▽ 图标可以折叠图层组。如果按下【Alt】键单击 ▷ 图标可以展开图层组及该组中所有图层的样式列表。

若要解散图层组(只删除图层组,而保留其中的图层),可以选择图层组后,执行"图层>取消图层编组"菜单命令(快捷键【Ctrl＋Shift＋G】),或单击"删除图层"按钮，在弹出的对话框中单击"仅组"按钮即可。

若要删除图层组,可以把要删除的图层组拖动至"删除图层"按钮 上,或直接按【Delete】键,可删除该图层组及其中的所有图层。

若要将某个图层加入图层组中,只需将该图层拖入图层组中即可。反之,如若将图层拖出图层组,即可将该图层移出图层组。

当在"图层"面板中选择了图层组后,对图层组执行的移动、旋转、缩放等变换操作将作用于所有图层。

2.8　撤销与恢复操作

Photoshop CS5 处理图像时,可以对所有的操作进行撤销和恢复。熟练地运用撤销和恢复功能将会给设计工作带来极大的方便。

2.8.1　撤销与恢复一步操作

对于图像中色彩的调整、大小的变换等要经过不断的反复对比,通常按快捷键【Ctrl＋Z】撤消刚才的操作(还原),再按一次则前进一步,恢复刚才撤消的操作(重做)。

2.8.2　撤销与恢复任意步骤

按快捷键【Ctrl＋Z】只能撤消或恢复一步,如果需要多步,可以按快捷键【Ctrl＋Alt＋Z】后退一步(撤消一步);按快捷键【Ctrl＋Shift＋Z】前进一步(恢复一步)。重复操作可以撤消或恢复多步。

2.8.3　通过历史记录撤消与恢复

通过"历史记录"面板可以将所做的操作直观地撤消或恢复任意步骤。执行"窗口＞历史记录"菜单命令,可打开"历史记录"面板,如图 2-31 所示。

在"历史记录"状态区,蓝色显示的是当前操作步骤,其上以深色显示的是操作步骤的历史记录,其下以灰色显示的是已撤消步骤的历史记录。

1)撤消与恢复操作

向上单击某一条深色显示的操作记录,将撤消该条记录后面的所有操作;

向下单击某一条灰色显示的操作记录,可恢复该条记录及其前面的所有操作。

选择某一条操作记录,单击"删除当前状态"按钮，在弹出的警告对话框中单击"是"按钮,默认设置将撤消并删除该条记录及其后面的所有操作。

图 2-31

2)设置历史记录步数

默认情况下,"历史记录"面板只记录 20 步操作。当操作超过 20 步之后,在此之前的记录会被自动删除,以便释放出更多的内存空间。

要想在"历史记录"面板中记录更多的操作步骤,可执行"编辑＞首选项＞性能"菜单命令,在弹出的"首选项"对话框中设置"历史记录状态"选项的数值即可,如图 2-32 所示。在Photoshop CS5 中,"历史记录"面板最多可记录 1000 步操作。

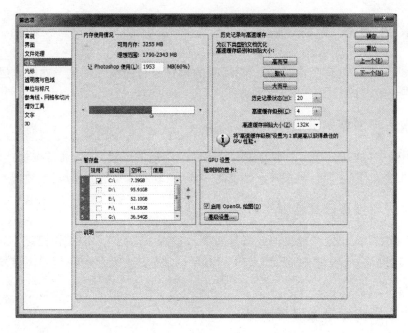

图 2-32

3）创建快照

快照可将某个特定历史记录状态下的图像内容暂时存放于内存中，即使相关操作由于被撤消、删除或其他原因已经不存在了，快照依旧存在，快照默认状态下能够保存包括选区、图层、通道、路径等全文档的信息，因此使用快照能够有效地恢复图像。

单击"历史记录"面板右下角的"创建新快照"按钮 ，可为当前历史记录状态下的图像内容创建名称为"快照 1"的新快照。

需要时，在"历史记录"面板中单击快照名即可恢复至保存时的操作状态。

要删除不需要的快照，可在选中快照后，单击"历史记录"面板底部的删除按钮 ，然后在弹出的对话框中单击"确定"按钮。

2.9　常用快捷键

Photoshop CS5 的快捷键相当丰富，熟练的快捷键操作能大大提高图像处理的效率。常用工具快捷键一览表如表 2-1 所示。

表 2-1　Photoshop CS5 常用工具快捷键一览表

快捷键	功能与作用	快捷键	功能与作用
M	选框	L	套索
V	移动	W	魔棒
J	喷枪	B	画笔
N	铅笔	S	橡皮图章

（续表 2-1）

快捷键	功能与作用	快捷键	功能与作用
Y	历史记录画笔	E	橡皮擦
R	模糊	O	减淡
P	钢笔	T	文字
U	度量	G	渐变
K	油漆桶	I	吸管
H	抓手	Z	缩放
D	默认前景和背景色	X	切换前景和背景色
Q	编辑模式切换	F	显示模式切换

常用的快捷键一览表如表 2-2 所示。

表 2-2 Photoshop CS5 常用快捷键一览表

快捷键	功能与作用	快捷键	功能与作用
Ctrl+N	新建图形文件	Tab	隐藏所有面板和选项栏
Ctrl+O	打开已有的图像	Shift+Tab	隐藏所有面板
Ctrl+W	关闭当前图像	Ctrl+A	全部选择
Ctrl+D	取消选区	Ctrl++	放大视图
Ctrl+Shift+I	反向选择	Ctrl+-	缩小视图
Ctrl+S	保存当前图像	Ctrl+0	满画布显示
Ctrl+X	剪切选取的图像或路径	Ctrl+L	调整色阶
Ctrl+C	拷贝选取的图像或路径	Ctrl+M	打开曲线调整对话框
Ctrl+V	将剪贴板的内容粘贴到当前图形中	Ctrl+U	打开"色相/饱和度"对话框
Ctrl+K	打开"预置"对话框	Ctrl+Shift+U	去色
Ctrl+Z	还原/重做前一步操作	Ctrl+I	反相
Ctrl+Alt+Z	还原两步以上操作	Ctrl+J	通过拷贝建立一个图层
Ctrl+Shift+Z	重做两步以上操作	Ctrl+E	向下合并或合并链接图层
Ctrl+T	自由变换	Ctrl+[	将当前层下移一层
Ctrl+Shift+Alt+T	再次变换复制的像素数据并建立一个副本	Ctrl+]	将当前层上移一层
Del	删除选框中的图案或选取的路径	Ctrl+Shift+[	将当前层移到最下面
Ctrl+BackSpace 或 Ctrl+Del	用背景色填充所选区域或整个图层	Ctrl+Shift+]	将当前层移到最上面
Alt+BackSpace 或 Alt+Del	用前景色填充所选区域或整个图层	Ctrl+Alt+D	羽化选择
Shift+BackSpace	弹出"填充"对话框		

3

绘制和编辑选区

在 Photoshop CS5 中进行图像处理时,离不开选区。通过选区对图像进行操作不影响选区外的图像。多种选取工具结合使用为精确创建选区提供了极大的方便,本章将具体介绍选区的各种创建与编辑技巧。

课堂学习目标

了解选区的基本功能
掌握选区工具的操作方法
掌握选区的编辑方法
掌握填充与描边选区的应用

3.1 基本选择工具

选区是指图像中由用户指定的一个特定的图像区域。创建选区后,绝大多数操作都只能针对选区内的图像进行。Photoshop CS5 中提供了多种创建选区的工具,如选框工具、套索工具、魔棒工具等。用户应熟练掌握这些工具和命令的使用方法。

3.1.1 用选框工具创建选区

"选框工具"包括矩形选框工具、椭圆选框工具、单行选框工具和单列选框工具。"选框工具组"位于工具箱中的左上角,默认为"矩形选框工具"。要选择"选框工具组"中的其他选框工具,用鼠标右键单击"矩形选框工具"按钮,可弹出如图 3-1 所示的选框。

下面分别介绍各种选框工具的使用方法。

1)矩形选框工具

创建这些选区的方法如下:

(1)选择"矩形选框工具"▣后,在其选项栏中单击"新选区"按钮,在图像中按住鼠标左键并拖动,即可创建一个新选区。

使用"矩形选框工具"▣可以创建矩形选区和正方形选区。创建矩形选区时,将鼠标移至图像上需要选择的区域,按住鼠标左键并拖动,至该选区的右下角松开鼠标即可。

按住【Shift】键的同时使用"矩形选框工具"▣,在图像中可创建一个正方形选区;按住【Shift+Alt】键,将会以单击处为中心向周围扩展绘制一个正方形选区。

(2)保持创建的新选区,然后在"矩形选框工具"选项栏中单击"添加到选区"按钮▣,在新选区上拖动鼠标添加新的选区,此时创建的选区会被添加到原选区上。另外按住

图 3-1

【Shift】键也可进行添加选区的操作。通过添加到选区功能也可在图像中创建无数个不相交的选区。

（3）按【Ctrl＋Z】键恢复到新选区状态，然后在"矩形选框工具"选项栏中单击"从选区中减去"按钮 ，在图像中创建选区时，即可从已有的选区中减去新创建的选区。另外使用【Alt】键也可进行减去选区的快捷操作。

（4）在选项栏中单击"与选区交叉"按钮 ，在图像中创建选区，即可将已有选区与新创建选区相交（重合）部分的选区保留。

【课堂制作 3.1】 矩形选框工具的使用

Step 01 打开"第三章\素材\木偶.png"图像文件。

Step 02 复制背景层，将背景层副本重命名为"1"，再次复制，将副本层重命名为2；照这样，将背景层复制4次，4个副本层分别命名为1、2、3、4。我们在这4个副本层中，分别制作构成图像的拼板。如图 3-2 所示。

Step 03 从图层面板的"图层 1"开始，隐藏除"图层 1"之外的所有层。用"矩形选框工具" 选择一个矩形。执行"选择＞变换选区"菜单命令，将选区扭转、做自由变换，最后单击"进行变换"按钮。

Step 04 执行"选择＞反向"菜单命令，删除选区图像，取消选择。效果如图 3-3 所示。

Step 05 按照刚才的方法，依次显示每个图层，用选框工具选择不同大小的矩形选框，自由变换，反选后删除。适当注意选区大小以及变换的位置，尽量在作图的时候考虑到美观的效果。如图 3-4 所示。

图 3-2

图 3-3

图 3-4

图 3-5

Step 06 下面我们要为拼板添加立体效果。显示背景层，选择"图层 1"，双击图层，进入"图层样式"面板，先选择"斜面和浮雕"，你可以按照默认样式选择确定，当然也可以尝试投影等其他效果，直到调整到自己满意的效果。

Step 07 分别对图层 2、3、4 添加同样的立体效果，并根据自己需要调整图层位置，最后效果如图 3-5 所示。

2）椭圆选框工具

单击工具箱中的"椭圆选框工具"按钮 ◯，其选项栏如图 3-6 所示。

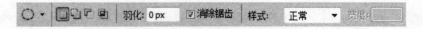

图 3-6

此选项栏与"矩形选框工具"选项栏的用法相同，只是"椭圆选框工具"多了一个"消除锯齿"的复选框，选中此复选框，在图像中选取的图像边缘会更平滑。

单击"椭圆选框工具",在图像中按住鼠标左键并拖动即可绘制椭圆选区,按住"Shift"键可绘制圆选区。

【课堂制作3.2】　制作禁烟标志

Step 01　新建一个文档:800×600像素,分辨率为72,颜色模式:RGB,背景内容为透明。确定前景色板为黑色,背景色为白色。

Step 02　按住【Shift】键用"椭圆选框工具" ⬭ 在文档中拖动,绘制一个大小适当的正圆。在选区中填充前景色(【Alt+Delete】填充前景色),如图3-7所示。

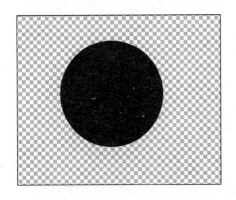

图3-7

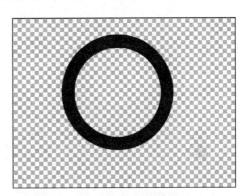

图3-8

Step 03　执行"选择>变换选区"菜单命令,按住【Shift+Alt】键中心点不变等比例缩小,按【Enter】键确认。按下【Delete】键,删除选区内的像素。并按【Ctrl+D】取消选择。如图3-8所示。

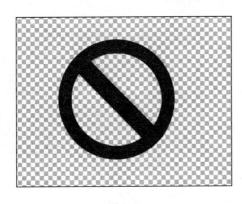

图3-9

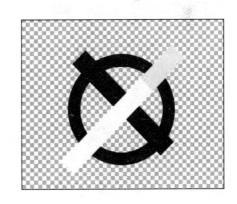

图3-10

Step 04　执行"图层>新建>新建图层"菜单命令,新建"图层2",用"矩形选框工具" ⬚ 绘制一个矩形选区,按【Alt+Delete】填充黑色,然后取消选择。如图3-9所示。确认图层2为选中状态,按【Ctrl+T】,在选项栏中输入旋转角度为45度并调整矩形大小,最后按【Enter】键确认。

Step 05　执行"图层>新建>新建图层"菜单命令,新建"图层3",开始绘制香烟。用"矩形选框工具" ⬚ ,绘制一个矩形选区,填充白色。执行"选择>变换选区"菜单命令,拖动左侧的控制点向右移动,得出烟嘴的部分,按【Enter】键确认,在烟嘴选区部位填充金黄色,如图 3-10 所示。

Step 06 按【Ctrl】单击"图层 3",选中烟嘴选区。执行【Ctrl+T】,并在选项栏中输入旋转角为−45 度,如图 3-11 所示。按【Enter】键确认。

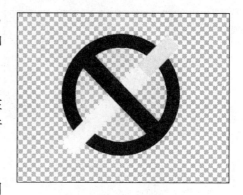

图 3-11

Step 07 把"图层 2"拖动至"图层 1"的上方,并同时选中所有图层,最后合并所有图层。如图 3-12 所示。

3) 单行选框工具

单击工具箱中的"单行选框工具"按钮 ■■■ ,在图像中单击鼠标左键,可创建一个像素高的单行选区。

4) 单列选框工具

单击工具箱中的"单列选框工具"按钮 ,在图像中单击鼠标左键,可创建一个像素宽的单列选区。

图 3-12

3.1.2 用套索工具创建选区

套索工具组是一种常用的范围选取工具,主要用于选择不规则的区域。套索工具组包括套索工具、多边形套索工具和磁性套索工具,如图 3-13 所示。

1) 套索工具

"套索工具" 可以创建不规则选区,也可以创建手绘的选区边框,这个区域可以是任意形状的。使用套索工具创建不规则选区,其具体的操作方法如下:

(1) 单击工具箱中的"套索工具" ,此时可显示该工具的选项栏,如图 3-14 所示。

(2) 在此选项栏中设置消除锯齿与选区边缘的羽化程度。

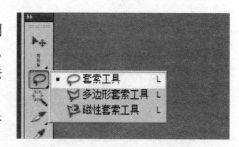

图 3-13

(3) 将鼠标移至图像中,按住鼠标左键并拖动,即可创建不规则选区,释放鼠标后,选区首尾会自动连接形成一个闭合的不规则选区。

图 3-14

【课堂制作3.3】　制作环环相扣的效果

Step 01　打开"第三章\素材\2000.psd"图像文件,如图3-15所示。

Step 02　在"图层"面板中选中图层"Layer2",单击"矩形工具" ⬚ ,选中蓝色的 0 文字。

Step 03　执行"图层＞新建＞通过剪切的图层"菜单命令,将蓝色的文字剪切成新的图层(图层1)。

Step 04　执行"编辑＞自由变换"菜单命令,将蓝色文字旋转并移动到其他文字的上面,如图3-16所示。

Step 05　单击"套索工具" ⬭ ,设置羽化值为0,并取消"消除锯齿"复选框。在蓝色文字的左上方与其他文字相交的位置画出一个选择区域,如图3-17所示。

图 3-15

图 3-16

图 3-17

图 3-18

Step 06　执行"图层＞新建＞通过剪切的图层"菜单命令,将所选的部分蓝色文字剪切成新的图层(图层2)。

Step 07　在"图层"调板中将图层2移到"Layer 2"图层的下面,形成字符之间环环相扣的效果,如图3-18所示。

2)多边形套索工具

利用"多边形套索工具" ⬭ 可以创建不规则形状的多边形选区,如五角形、三角形、梯形等。

使用多边形套索工具创建不规则选区的具体操作方法如下：

（1）单击工具箱中的"多边形套索工具"按钮，将鼠标移至图像中，此时鼠标光标变成多边形套索形状 。

（2）在起始位置单击鼠标左键，移动鼠标拖出一条线。

（3）再次单击鼠标左键，可以继续绘制需要选择的区域。

（4）连续单击鼠标左键，当鼠标拖移至起点附近时，鼠标将变成 ，单击鼠标左键，形成闭合选区。

使用"多边形套索工具" 创建选区时，按住【Shift】键可以按水平、垂直或 45 度的方向绘制选区。

教学提示：使用"多边形套索工具" 创建选区时，终点没有回到起点，双击鼠标左键可自动连接起点与终点，从而形成一个封闭的不规则选区。

【课堂制作 3.4】 儿童相框效果

Step 01 打开"第三章\素材\相框.jpg"图像文件，复制背景图层生成背景副本图层，命名为图层"相框"。

Step 02 利用"多边形套索工具 "创建第一个白色的矩形相框选区，如图 3-19 所示。

图 3-19

Step 03 打开图像文件"第三章\素材\儿童 1"，按【Ctrl＋A】选取图像部分，然后执行"编辑＞拷贝"菜单命令或按【Ctrl＋C】复制图像部分。

Step 04 切换到"相框"图像文件，选择"相框"图层并执行"编辑＞选择性粘贴＞贴入"菜单命令，生成"图层 1"。对"图层 1"执行"编辑＞自由变换"菜单命令对图像的大小、位置、角度等进行相应调整，效果如图 3-20 所示。

Step 05 对图像文件"儿童 2""儿童 3""儿童 4"依次执行以上步骤，最后形成儿童相

图 3-20

框效果,如图 3-21 所示。

图 3-21

3) 磁性套索工具

"磁性套索工具" 可以自动识别对象的边界,特别适合于快速选择与背景对比强烈且边缘复杂的对象。"磁性套索工具"选项栏如图 3-22 所示。

图 3-22

其中重要参数如下:

宽度:"宽度"值决定了以光标为基准,光标周围有多少个像素能够被"磁性套索工具"

检测到,如果对象的边缘比较清晰,可以设置较大的值;如果对象的边缘比较模糊,可以设置较小的值。

对比度:可设置"磁性套索工具"在选取图像时选区与图像边缘的反差,其取值范围在1‰~100‰。值越大,反差越大,选取的范围越精确。

频率:在使用"磁性套索工具"勾画选区时,Photoshop 会生成很多锚点,"频率"选项用来设置锚点的数量。数值越高,生成的锚点越多,捕捉到的边缘越准确,但是可能会造成选区不够平滑。

【课堂制作3.5】 海滩怪兽的制作

Step 01 打开"第三章\素材\海滩.jpg"图像文件和"第三章\素材\乌龟.jpg"文件。

Step 02 单击"磁性套索工具" ,选取乌龟,如图 3-23 所示。

图 3-23　　　　　　　　　　　　　　　　图 3-24

Step 03 选取"移动工具" ,直接把乌龟拖拽到"海滩.jpg"文件中。

Step 04 执行"编辑>变换>缩放"菜单命令,按住【Shift】键不放,拖动四个角的控点,乌龟的宽和高就会按比例缩小,直到和沙滩看起来比较协调,然后按【Enter】键确认变换,如图 3-24 所示。

Step 05 打开"第三章\素材\长颈鹿.jpg"图像文件。

Step 06 选择"磁性套索工具" ,以长颈鹿脖子为起点,沿着轮廓把长颈鹿整个都勾选下来,如图 3-25 所示。

Step 07 选择"移动工具" ,将长颈鹿复制到沙滩上,然后执行"编辑>变换>缩放"菜单命令,把长颈鹿缩放到合适大小,并移动到合适位置,按【Enter】键确认变换。如图 3-26 所示。

Step 08 单击"图层"面板,单击"新建图层"按钮新建"图层 3",单击"套索工具" ,然后按住鼠标左键不松手,勾画出任意范围,根据怪兽的形状勾画出它在地上的阴影,如图 3-27 所示。

Step 09 执行菜单栏"选择>修改>羽化"菜单命令,它可以调节选取范围边缘的柔和程度,"羽化半径"为 5 像素。

Step 10 执行"编辑>填充"菜单命令,选择"黑色""50‰的透明度",然后按【Ctrl+D】取消选择。

图 3-25　　　　　　　　　　　　　图 3-26

图 3-27　　　　　　　　　　　　　图 3-28

Step 11　把"图层 3"置于"图层 2"和"图层 1"之下,最后存储文件。效果如图 3-28 所示。

3.1.3　魔棒工具与快速选择工具创建选区

1)魔棒工具

"魔棒工具" 也就是相近颜色选取工具。使用魔棒工具可以选择图像内色彩相同或相近的区域,还可以设置该工具的色彩范围或容差,以获得所需要的选区。

单击工具箱中的"魔棒工具" ,可显示其选项栏,如图 3-29 所示。

图 3-29

其中重要参数如下:

容差:决定所选像素之间的相似性或差异性,其取值范围为 0~255。设置颜色范围的大小,数值越小,选择范围的颜色与选择像素颜色越相近。

连续:当勾选该选项时,只选择颜色连接的区域;当关闭该选项时,可以选择与所选像素颜色接近的所有区域,当然也包含没有连接的区域。

【课堂制作 3.6】　制作合成图像效果

Step 01　打开"第三章\素材\天空.jpg"图像文件,如图 3-30 所示。

图 3-30

图 3-31

Step 02 执行"选择＞全部"菜单命令，将图像全部选中。

Step 03 执行"编辑＞拷贝"菜单命令，将所选图像复制到剪贴板中。

Step 04 执行"文件＞打开"菜单命令，打开"第三章\素材\教堂.jpg"图像文件，如图3-31 所示。

Step 05 单击"魔棒工具"，设置"容差"为 32，单击天空位置。

Step 06 执行"选择＞选取相似"菜单命令，将所有含有天空颜色的区域都选中。

Step 07 单击"矩形选框工具"，按住【Alt】键，将图像下部的选择区取消，只留下天空选区。

Step 08 执行"编辑＞选择性粘贴＞贴入"菜单命令，将天空图像粘贴到选择区中，形成有云的天空。

Step 09 执行"编辑＞自由变换"菜单命令，调整天空位置和大小，使之充满教堂上部天空，按【Enter】键确定变换，如图 3-32 所示。

图 3-32

图 3-33

Step 10 执行"选择＞全部"菜单命令，将图像全部选中。

Step 11 执行"编辑＞合并拷贝"菜单命令，将所有图层的内容都复制到剪贴板。

Step 12 执行"文件＞打开"菜单命令，打开"第三章\素材\绿树.jpg"图像文件如图 3-33 所示。

Step 13　　单击"魔棒工具" ，设置"容差"为50,选取蓝色天空。执行"选择>选取相似"菜单命令,将含有蓝色天空颜色的区域都选中,再次执行"选择>选取相似"菜单命令,将所有含有蓝色天空颜色的区域都选中。

Step 14　　单击"椭圆选框工具"，按住【Alt】键,将图像下半部分绿树选区部分去掉,只剩蓝色选区。如图3-34所示。

图 3-34　　　　　　　　　　　　　　图 3-35

Step 15　　执行"编辑>选择性粘贴>贴入"菜单命令,将教堂图像粘贴到选择区中。

Step 16　　使用"移动工具" 按钮,调整教堂图像的位置,如图3-35所示,完成图像的合成。

2）快速选择工具

使用"快速选择工具"可以利用可调整的圆形笔尖迅速地绘制出选区。当拖动笔尖时,选取范围不但会向外扩张,而且还可以自动寻找并沿着图像的边缘来描绘边界。"快速选择工具"选项栏如图3-36所示。

图 3-36

其中,"选区运算按钮"中,激活"新选区"按钮，可以创建一个新选区;激活"添加到选区"，可以在原有选区的基础上添加新创建的选区;激活"从选区减去"，可以在原有选区的基础上减去当前绘制的选区。

"画笔"选择器可以设置画笔的大小、硬度、间距、角度以及圆度。如图3-37所示。

【课堂制作3.7】　利用快速选择工具更换美女背景

Step 01　　打开"第三章\素材\美女.jpg"图像文件,在工具箱中单击"快速选择工具"，然后在选项栏中设置画笔的"大小"为16px、"硬度"为76%。

Step 02　　在人物头部单击并拖动光标,然后向下多次

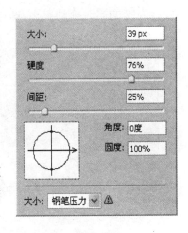

图 3-37

43

单击光标,选中整个身体部分。

Step 03　　放大图像可以观察到人物的手肘部分背景被选中,这时,适当调整"画笔",然后按住【Alt】键的同时单击选中的背景区域,减去这些部分,如图 3-38 所示。

图 3-38

图 3-39

Step 04　　按【Ctrl＋C】快捷键复制选区内的图像。

Step 05　　打开"第三章\素材\背景 2.jpg"图像文件,按【Ctrl＋V】快捷键将人物部分粘贴到图像中。

Step 06　　调整人物的位置,使之和背景比例相适应。最终效果如图 3-39 所示。

3.2　选区的调整

在图像中创建选区后,还可以对创建的选区进行编辑,如移动、变换和修改选区等。调整选区后,即可对选区内的图像进行更加精细的编辑操作。

3.2.1　移动与隐藏选区

创建一个选区后,将鼠标指针移至选区内,此时指针呈 ✎ 形状,如图 3-40 所示。按住鼠标左键的同时拖动鼠标,即可移动到选区的位置,如图 3-41 所示。

图 3-40

图 3-41

移动选区的同时若按住【Shift】键,则可以将选区沿水平、垂直或 45 度角的方向移动;

使用键盘上的【↑】、【↓】、【←】、【→】4 个方向键,可以微调选区的位置。

使用"移动工具" ⊕ ,可以对建立的选区进行移动。这个移动实际上是对选区内的图像进行了剪切,然后移动到其他位置,如图 3-42 和图 3-43 所示。

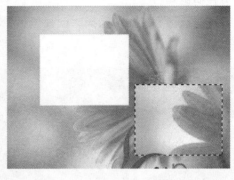

图 3-42   图 3-43

创建选区后,执行"视图>显示>选区边缘"命令,可以将选区隐藏。将选区隐藏后,在编辑窗口中看不见选区的虚线,但选区实际是存在的。隐藏选区可以更便于用户观察图像的调整效果。

3.2.2　全选与反选

1)全选选区

执行"选择>全部"命令或按【Ctrl+A】
组合键,可以选择整个图像,如图 3-44 所示。

创建选区后,执行"选择>取消选择"命
令或按【Ctrl+D】组合键,可以取消选区。

取消选区后,执行"选择>重新选择"命
令或按【Shift+Ctrl+C】组合键,可以重新创
建所取消的选区。

图 3-44

2)反选选区

当需要选择图像复杂而背景简单的图像时,可以先选择背景,如图 3-45 所示,然后执行"选择>反向"菜单命令,可以反选选区,即可选中除背景以外所需的图像,如图 3-46 所示。

图 3-45   图 3-46

3.2.3 变换选区

变换选区就是对选区进行移动、旋转和缩放等变形操作,其只影响选区,而对图像本身没有任何影响。

创建选区后,执行"选择>变换选区"菜单命令,在创建的选区中就会显示出变换控制框,如图 3-47 所示。

图 3-47   图 3-48

在变换控制框每条边的中间和四个角上都有一个正方形的小格,当将鼠标指针移至变换控制框上的小方格上时,指针将变成直箭头图标 ↕ 此时拖动鼠标可以进行选区的缩放操作。

教学提示:在缩放变换控制框时,按住【Shift】键,可以对"变换控制框"进行等比例缩放。按住【Alt+Shift】组合键,可以使变换控制框沿中心点等比例缩放。

将鼠标指针放在控制点的外侧,当指针变成 ↗ 形状时,按住鼠标左键并拖动,即可旋转选区,如图 3-48 所示。

当显示出变换控制框后,执行"编辑>变换"菜单命令,可以对选区进行其他变换。在变换控制框中右击,利用弹出的快捷菜单也可以进行选区的变换操作,如图 3-49 所示。

图 3-49

如果用户想变换的是选区内的图像,则可以在创建选区后执行"编辑>自由变换"命令或按【Ctrl+T】快捷键调出变换控制框,此时拖曳变换控制框即可对选区中的图像进行操作。

变换完选区中的图像后,双击鼠标左键或按【Enter】键,即可取消变换控制框,得到变换的图像结果。

【课堂制作 3.8】 制作倒影

Step 01 打开"第三章\素材\卡通背景.jpg"图像文件。

Step 02 打开"第三章\素材\卡通人物.png"图像文件,单击"快速选择工具"选区白色的背景区域,然后执行"选择>反向"菜单命令,选中卡通人物部分,如图 3-50 所示。

图 3-50   图 3-51

Step 03 单击"移动工具"把卡通人物拖动到"卡通背景.jpg"图像中,然后执行"编辑>变换>缩放"菜单命令,按住【Shift】键不放,拖动四个角的控点,调小卡通人物的尺寸,最后单击确认变换。效果如图 3-51 所示。

Step 04 新建"图层 2",并把"图层 1"放置于"图层 2"的上方。单击"图层 2",然后按住【Ctrl】键的同时单击"图层 1",载入该图层的选区,如图 3-52 所示。

图 3-52   图 3-53

Step 05 执行"选择>变换选区"菜单命令,然后执行"编辑>变化>扭曲"命令,调整选区,如图 3-53 所示,按【Enter】键确认变换。

Step 06 把"前景色"设置为黑色,按【Alt+Delete】填充选区,然后按【Ctrl+D】取消选区。

Step 07 单击"图层 2",设置"图层 2"的不透明度为 35%,投影效果最终完成,如图 3-54 所示。

图 3-54

3.2.4　修改选区

创建选区后,执行"选择＞修改"菜单命令,利用弹出的子菜单可以对选区进行平滑、扩展和收缩等修改操作,以满足各种操作的需要。

1) 边界

边界具有创建双重选区的作用,当在图像中创建一个选区后,执行"选择＞修改＞边界"菜单命令,将弹出"边界选区"的对话框,如图 3-55 所示。

其中,"宽度"用于控制从当前选区向外扩展的大小,扩展后的选区减去原来的选区,得到的就是边界的宽度。"宽度"的取值范围在 1～200 之间,数值越大,边缘的宽度越宽,选中的图像也越模糊。

2) 平滑

"平滑"命令可以使当前选区边缘的杂点被清除掉,使边缘更加平滑。执行"选择＞修改＞边界"命令,将弹出"平滑选区"对话框,如图 3-56 所示。

图 3-55　　　　　　　　　　　　　　　　图 3-56

在"取样半径"文本框中可以输入范围为 1～200 之间的数值,数值越大,选区就越平滑。

3) 扩展

"扩展"命令可以扩大当前的选区。执行"选择＞修改＞扩展"命令,将弹出"扩展选区"对话框,如图 3-57 所示。

在"扩展量"文本框中可以输入选区向外扩展的范围,数值越大,选区向外扩展的范围也就越大。

4) 收缩

"收缩"命令可以向内收缩当前的选区,将选区缩小。执行"选择＞修改＞收缩"命令,将弹出"收缩选区"对话框,如图 3-58 所示。

在"收缩量"文本框中可以输入选区向内收缩的范围,数值越大,选区向内收缩的范围也就越大。

图 3-57　　　　　　　　　　　　　　　　图 3-58

【课堂制作 3.9】　绘制空心圆柱体

Step 01　执行"文件＞新建"菜单命令,弹出"新建"对话框。在该对话框内的"名称"文本框内输入图形的名称"立体彩球",设置宽度为 500 像素、高度为 300 像素,模式为 RGB 颜色,背景为白色,如图 3-59 所示。

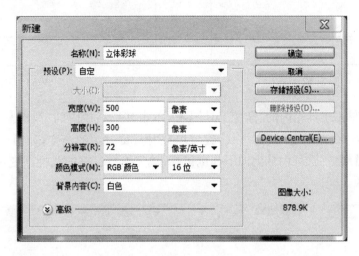

图 3-59

Step 02　执行"视图＞标尺"菜单命令,使画布窗口左边和上边显示标尺。用鼠标从上边的标尺处向下拖曳,创建两条参考线。

Step 03　单击工具箱中的"椭圆选框工具" ⬭ (注意尽量靠近画布的左边界),在画布中创建一个椭圆选区。然后,设置前景色为金黄色(R:242,G:167,B:16)。按【Alt＋Delete】快捷键,给选区填充前景色,如图 3-60 所示。

Step 04　单击工具箱中的"移动工具" ⯈⊹,按住【Alt】键,再用鼠标水平拖曳绘制金黄色椭圆形,复制一份金黄色的椭圆图形,如图 3-61 所示。

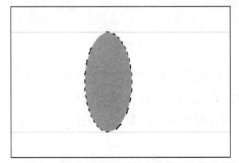

图 3-60

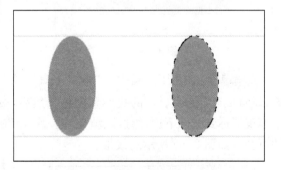

图 3-61

Step 05　单击工具箱中的"矩形选框工具"按钮,按住【Shift】键,拖曳鼠标,创建一个矩形选区,同时与原来的椭圆选区相加,如图 3-62 所示。

Step 06　单击工具箱中的"快速选择工具" ✎,按住【Alt】键,单击选区内左边金黄色椭圆图形,创建一个新选区,同时与原来的椭圆选区相减,如图 3-63 所示。

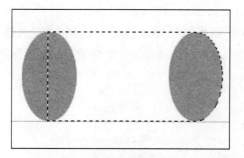

图 3-62

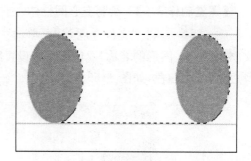

图 3-63

Step 07 单击工具箱内的"渐变工具" ，单击其选项栏内的"线性渐变"按钮，设置渐变填充方式为"线性渐变"填充方式，设置填充"橙、黄、橙"的渐变，如图 3-64 所示。然后，按住【Shift】键，在选区内从上向下拖曳鼠标，填充橙、黄、橙的线性渐变色。按【Ctrl＋D】键，取消选区。

图 3-64

Step 08 单击工具箱中的"魔术棒工具" ，单击左边的金黄色椭圆，创建一个椭圆选区，如图 3-65。

Step 09 执行"选择＞修改＞收缩"菜单命令，弹出"收缩选区"对话框。设置"收缩量"为 12 个像素，如图 3-66 所示。然后单击"确定"按钮，此时的图像如图 3-67 所示。

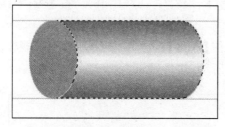

图 3-65

图 3-66

Step 10 使用工具箱内的"渐变工具" ，设置渐变填充方式为"线性渐变"填充方式，设置填充"橙、黄、橙"的线性渐变色。然后，按住【Shift】键，在选区上边的外部一点向下拖曳鼠标到选区下边，给选区填充"橙、黄、橙"的线性渐变色。按【Ctrl＋D】键取消选区，即可获得如图 3-68 所示的效果。

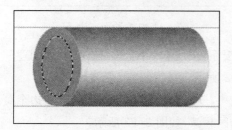

图 3-67

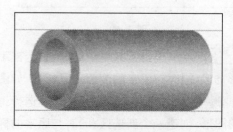

图 3-68

Step 11 创建一个矩形选区,将如图 3-68 所示的空心圆柱体选中,再使用工具箱中的"移动工具" ，按住【Alt】键,用鼠标水平拖曳选区,复制一份空心圆柱体图形。

Step 12 执行"编辑＞变换＞旋转 90 度(顺时针)"菜单命令,将复制的图形旋转 90 度。然后按【Ctrl＋D】取消选区,最终效果如图 3-69 所示。

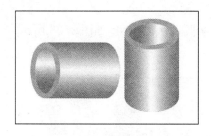

图 3-69

图 3-70

5)羽化

"羽化"命令能对图像的边缘起到柔化、过渡的作用。执行"选择＞修改＞羽化"命令,将弹出"羽化选区"对话框,如图 3-70 所示。

在"羽化半径"文本框中可以设置羽化值的大小,数值越大,边缘的柔化效果就越明显。

【课堂制作 3.10】 制作多棱镜效果

Step 01 执行"文件＞打开"菜单命令,打开图像文件"第三章\素材\黄花.jpg"。

Step 02 单击"默认前景和背景色 "工具按钮。

Step 03 单击"椭圆选框工具" ,设置"羽化"为 30,在黄色的花朵上拖出一个椭圆选区。

Step 04 执行"选择＞反向"菜单命令,选中椭圆以外区域。按下【Delete】键,删除选区内容,这样图像的边缘就产生了羽化效果,如图 3-71 所示。

图 3-71

图 3-72

Step 05 打开图像文件"第三章\素材\女人.jpg",如图 3-72 所示。

Step 06 单击"椭圆选框工具" ,在人物的头部拖出一个圆形选择区。

Step 07 执行"编辑＞拷贝"菜单命令,将人物的头部复制到剪贴板中。

Step 08 选中黄花图层,单击"椭圆选框工具" ,设置"羽化"为10,在黄花的中央拖出一个椭圆选择区域。

Step 09 执行"编辑＞选择性粘贴＞贴入"菜单命令,将人物脸部粘贴到椭圆选择区中。

Step 10 单击"移动工具" ,将人脸调整到椭圆选区的中央,如图 3-73 所示,产生一个羽化值为 10 的人物头像。

图 3-73   图 3-74

Step 11 再次单击"椭圆选框工具" ,设置羽化值为 20,在黄花的左上角拖出一个椭圆选择区域。

Step 12 重复步骤(9)～(10)的操作,产生一个羽化值为 20 的人物头像。

Step 13 重复步骤(11)～(12)的操作,在图像的四周分别再产生羽化值为 20 的人物头像,形成多棱镜成像效果,如图 3-74 所示。

3.2.5 扩大选取

当图像中已经存在一个选区后,执行"选择＞扩大选取"菜单命令,可以在现有选区的基础上根据当前选区的状态扩大选区的选择范围,其扩大的程度取决于魔棒工具选项栏中对"容差"数值的设置。

3.2.6 选取相似

当图像中已经存在一个选区后,执行"选择＞选取相似"命令,可以在整个图像中选取与当前存在选区中颜色相近的区域。

【课堂制作 3.11】 制作艺术照片

Step 01 执行"文件＞新建"菜单命令,创建一幅新的图像。其中参数:宽度为 340 像素,高度为 480 像素,分辨率为 72 像素/英寸,模式为 RGB 颜色,内容为白色。

Step 02 设置前景色为蓝色,背景色为白色。单击"渐变工具" ,设置渐变颜色为前景到背景,渐变方式为线性渐变。从右下角向左上角拖出一条渐变线,产生蓝色向白色的渐变效果,如图 3-75 所示。

图 3-75

图 3-76

Step 03 执行"文件＞打开"菜单命令,打开"第三章\素材\花卉.jpg"图像文件,如图 3-76 所示。

Step 04 单击"魔棒工具" ，设置容差为 32,单击黑色背景,选中黑色区域。

Step 05 执行"选择＞选取相似"菜单命令,将黑色背景全部选中。

Step 06 执行"选择＞反向"菜单命令,将花卉选中。

Step 07 执行"编辑＞拷贝"菜单命令,将花卉复制到剪贴板中。

Step 08 选中新建文件,执行"编辑＞粘贴"菜单命令,将花卉粘贴到新建文件中。

Step 09 单击"移动工具" ，调整花卉位置,如图 3-77 所示。

图 3-77

图 3-78

Step 10 执行"选择＞全部"菜单命令,选中所有图像。

Step 11 执行"选择＞修改＞边界"菜单命令。设置参数:宽度为 30,以产生宽度为 30

像素的轮廓选区。

Step 12 将前景色设置为纯黄色,按下【Alt＋Delete】快捷键,将轮廓选区填充纯黄色,如图 3-78 所示,这样就产生了一个带有边框的艺术照片。

3.2.7 存储与载入选区

对于在图像中绘制的一些特殊的选区还可进行存储操作,以便在需要的时候通过载入选区的方式将其载入图像中继续使用。

1)存储选区

执行"选择＞存储选区",弹出"存储选区"对话框,如图 3-79 所示,下面对其中的参数进行介绍。

图 3-79

文档:用于设置保存选区的目标图像文件,默认为当前图像。若选择"新建"选项,则将其保存到新建的图像中。

通道:用于设置存储选区的通道。

名称:用于设置需要存储选区的名称,表示为当前选区建立新的目标通道。

新建通道:点选该单选按钮,表示为当前选区建立新的目标通道。

2)载入选区

存储选区后,在需要调用选区时可载入选区,只需执行"选择＞载入选区"菜单命令,弹出"载入选区"对话框,如图 3-80 所示。其中,在"文档"下拉列表框中选择刚才保存的选区的图像名。在"通道"下拉列表框中选择存储选区的通道名称,如图 3-80 所示。

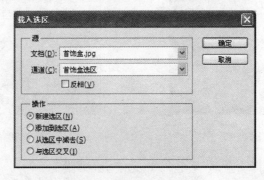

图 3-80

【课堂制作 3.12】 制作浪漫场景

Step 01 打开"第三章\素材\红心.png"图像文件,"第三章\素材\人物 1.png"和"第三章\素材\背景 1.jpg",然后依次将"人物 1.png"和"红心.png"拖动到"背景 1.jpg"文档中,如图 3-81 所示。

Step 02 按住【Ctrl】键的同时单击"图层 1"(即人物所在的图层)的缩略图,载入该图层的选取,如图 3-82 所示。

图 3-81

图 3-82

Step 03 执行"选择＞存储选区"菜单命令,然后在弹出的"存储选区"对话框中设置"名称"为"人物选区",如图 3-83 所示。

图 3-83

图 3-84

Step 04 按住【Ctrl】键的同时单击"图层 2"(即红心所在的图层)的缩略图,载入该图层的选区。

Step 05 执行"选择＞载入选区"菜单命令,然后在弹出的"载入选区"对话框中设置"通道"为"人物选区",接着设置"操作"为"添加到选区",如图 3-84 所示,载入选区后效果如图 3-85 所示。

Step 06 在"图层"面板中单击"创建新图层"按钮,新建一个"图层 3",然后执行"编辑＞描边"菜单命令,接着在弹出的"描边"对话框中设置"宽度"为 6px、"颜色"为白色,具体参数设置如图 3-86 所示,最终效果如图 3-87 所示。

图 3-85

图 3-86

图 3-87

3.3 填充与描边选区

在处理图像时,经常会遇到需要将选区内的图像改变成其他颜色、图案等内容的情况,这时就需要用到"填充"命令;如果需要对选区描绘可见的边缘,就需要使用到"描边"命令。"填充"和"描边"在选区操作中应用得非常广泛。

3.3.1 填充选区

利用"填充"命令可以在当前图层或选区内填充颜色或方案,同时也可以设置填充时的不透明度和混合模式。注意,文字图层和被隐藏的图层不能使用"填充"命令。

执行"编辑>填充"菜单命令,弹出"填充"对话框,如图 3-88 所示。下面对重要的参数进行介绍。

内容:用来设置填充的内容,包含前景色、背景

图 3-88

色、颜色、内容识别、图案、历史记录、黑色、50％灰色和白色等。

模式:用来设置填充内容的混合模式。

不透明度:用来设置填充内容的不透明度。

保留透明区域:勾选该选项以后,只填充图层中包含像素的区域,而透明区域不会被填充。

3.3.2　描边选区

使用"描边"命令可以在选区、路径或图层周围创建彩色边框。

创建选区后,执行"编辑＞描边"菜单命令,弹出"描边"对话框,如图 3-89 所示。

下面对重要的参数进行介绍。

描边:该选项组主要用来设置描边的宽度和颜色。

位置:设置描边相对于选区的位置,包括"内部""居中"和"居外"3 个选项。

混合:用来设置描边颜色的混合模式和不透明度。如果勾选"保留透明区域"选项,则只对包含像素的区域进行描边。

图 3-89

【课堂制作 3.13】　综合运用选区知识进行雪人制作

Step 01　新建一个空白文档,具体参数设置可自己定义。

Step 02　把前景色设置为(R:113,G:165,B:248),背景色设置为白色。

Step 03　单击"渐变工具" ，在"渐变编辑器"选择"从前景色到背景色渐变",效果如图 3-90 所示。

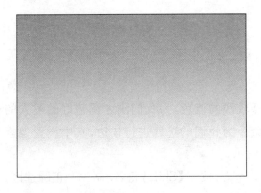

图 3-90

图 3-91

Step 04　单击"椭圆选框工具" ，在渐变的背景上,拖动鼠标绘制一个圆形选区,然后执行"选择＞修改＞羽化"菜单命令对椭圆选区进行羽化,如图 3-91 所示。

Step 05　以背景色(白色)填充选区,快捷键为【Ctrl＋Delete】,创建出雪花的效果。再多次重复这几步操作(创建选区、羽化及填充白色),以得到多个雪花,注意每次创建的选区的大小和羽化的强度是不同的。得到如图 3-92 所示的效果。

图 3-92 　　　　　　　　　　　　　　　　图 3-93

Step 06　　打开"第三章\素材\卡通.jpg"图像文件，以此图片的外形作为我们雪人的外形。（为了选取的方便，我们使用"魔棒工具" ✕ 选取空白的区域，然后执行"选择＞反向"菜单命令得到我们所需要的选区，这样选择较为方便），选区如图 3-93 所示。

Step 07　　将选择好的选区，拖动到我们的窗口中去，并执行"选择＞变换选区"菜单命令，把拖进来的选区大小进行调整，并放置到合适的位置，如图 3-94 所示。

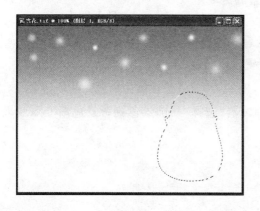

图 3-94 　　　　　　　　　　　　　　　　图 3-95

Step 08　　同样单击"渐变工具" ▢ ，选择较浅的蓝色，为我们刚才调整好的雪人的选区填充渐变效果，并执行"编辑＞描边"菜单命令为我们的选区进行描边，其中设置像素为 1，得到我们的小雪人的大体形态，如图 3-95 所示。

Step 09　　选择工具箱中的"椭圆选框工具" ○ ，按住【Shift】键，绘制一个正圆选区，用黑色填充选区，得到雪人的黑眼睛的效果。

Step 10　　用同样的办法创建比刚才较小些的正圆选区，用白色为其填充，得到眼睛的白色部分。（注意：如果在创建之后，需要对眼睛进行调整的话，就在不同的图层上创建，调整好之后，若是觉得图层过多，可再进行合并）

Step 11　　运用"多边形套索工具" ▽ 创建三角形选区（或是圆形选区），填充不同的色彩，并进行描边，得到鼻子和纽扣等形态，效果如图 3-96 所示。

图 3-96   图 3-97

Step 12　下面我们为小雪人做个小帽子,打开"第三章\素材\单片树叶.jpg"图像文件,重复步骤 Step 06 到 Step 08。使用树叶的外形作为帽子的选区,方法和我们获得雪人的方法相同,这里不再重复。同样为选区填充相应的渐变效果,完成小雪人的绘制,最后效果如图 3-97 所示。

【课堂制作 3.14】　制作几何图形

Step 01　执行"文件＞新建"菜单命令,新建一幅大小为 640×480 像素的图像,分辨率为默认的 72 像素/英寸,背景色为白色。

Step 02　在"图层"面板中单击"创建新图层"按钮 ⬚ 新建一个图层,取名为 cone,选择"矩形选框工具" ⬚ ,画出一个矩形选区,如图 3-98 所示。

Step 03　在工具箱中设置前景色为白色,背景色为黑色。然后选择"渐变工具" ⬚ ,在上方选项栏中选择"对称渐变" ⬚ ,渐变方式为前景色至背景色,由选区的中间向两边拖动鼠标,填充选区,如图 3-99 所示。

图 3-98   图 3-99

Step 04　按【Ctrl+D】取消选区后,执行"编辑＞变换＞扭曲"菜单命令对图层进行自由变换,将控制手柄上面的左右两个点分别向中间拉,如图 3-100 所示,使长方形变为三角形,如图 3-101 所示,然后按【Enter】键确认变换。

Step 05　选择"椭圆选框工具" ⬚ ,画出一个椭圆形选区,移动到合适的位置,如图 3-102 所示,按【Ctrl+Shift+I】快捷键反选选区,再按【Delete】键删除选区内图像,按

【Ctrl＋D】取消选择,使圆锥体下方呈现圆弧状,如图 3-103 所示。

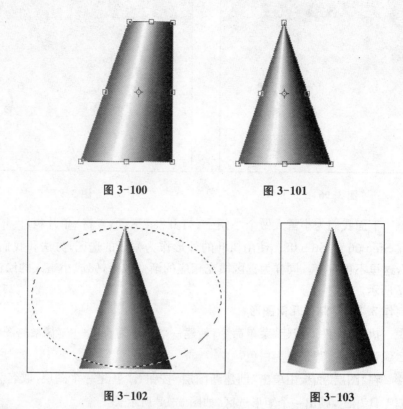

图 3-100   图 3-101

图 3-102   图 3-103

Step 06　选择"矩形选框工具" ,画出一块矩形选区,移动至圆锥体下方,使选区刚好包含锥体下方的圆弧形区域,如图 3-104 所示。

Step 07　按住【Ctrl＋C】,将图像拷贝至剪贴板中,然后再按【Ctrl＋V】粘贴过来。执行"编辑＞变换＞垂直翻转"命令翻转图像,然后移动至合适的位置,使它和锥体的弧形底部共同组成圆锥体的底座,如图 3-105 所示。

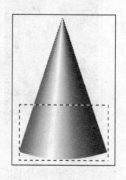

图 3-104   图 3-105

Step 08　将当前复制出来的图层重命名为 temp,确保它是当前正在操作的图层,再按【Ctrl】键点击 cone 图层,获取该图层选区,按【Ctrl＋Shift＋I】反选选区,再按【Delete】键将新复制出来的图层与 cone 图层相重叠的部分删除。效果如图 3-106 所示,按【Ctrl＋D】取消选区。

Step 09　将图层 cone 拖动至图层 temp 的上方,将 cone 图层的不透明度设为 90%,效果如图 3-107 所示。

图 3-106

图 3-107

Step 10　在"图层"面板中新建一个图层,取名为 cube。选择"矩形选框工具"□,按住【Shift】键画出一个正方形选区。选择"渐变工具"□,渐变方式为"线性渐变",由左下至右上渐变填充选区,效果如图 3-108 所示。

Step 11　新建一个图层 side,单击该图层,向右平移选区,如图 3-109 所示。选择"渐变工具"□,渐变方式为"线性渐变",由左下至右上渐变填充选区。

Step 12　执行"编辑>变换>扭曲"菜单命令,调整选区形状,作为立方体的一个侧面。如图 3-110 所示。按照上面同样的方法制作立方体的顶部,然后将三个图层合并,效果如图 3-111 所示。

图 3-108

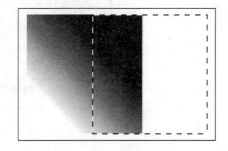

图 3-109

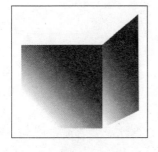

图 3-110

图 3-111

Step 13   在图层面板中新建一个图层，取名为 Sphere。选择"椭圆选框工具" ⭕，按住【Shift】键画出一个正圆形选区。选择"渐变工具" ▣，在上方选项栏中选择"径向渐变" ▣，由圆形选区中心向外画出渐变，如图 3-112 所示。按【Ctrl＋D】取消选区。

Step 14   执行"图像＞调整＞色相和饱和度"菜单命令，在对话框中选中"着色"，分别调整三个立体形状的颜色，如图 3-113 所示。

图 3-112

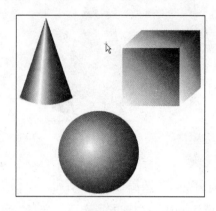

图 3-113

Step 15   使背景图层为当前工作图层，选择"渐变工具 ▣"，渐变方式为"线性渐变"，由左下至右上渐变填充。整幅图像制作完毕，最终效果如图 3-114 所示。

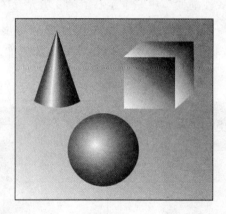

图 3-114

4 绘制图像

图像处理不尽然是对照片或图像进行修饰或合成,还可以使用 Photoshop CS5 自带的绘图工具挥毫泼墨,这在很大程度上让用户能自由发挥,绘制想要的图像,同时也使图像处理更加灵活自由。

课堂学习目标

熟悉画笔面板,掌握绘图工具的使用方法
掌握填充命令及填充工具的使用方法
掌握描边命令的使用方法

4.1 绘图工具的使用

Photoshop CS5 的绘图工具包括画笔、铅笔、颜色替换、混合器画笔、历史记录画笔以及历史记录艺术画笔等。

4.1.1 画笔工具

1) 画笔工具选项栏

选择工具箱中的"画笔工具" ,其选项栏如图 4-1 所示。

图 4-1

(1) 画笔

单击画笔工具选项栏 按钮,在弹出的"画笔预设"选取器中有预设的各种画笔,以及画笔的大小和硬度等选项,如图 4-2 所示。其中:

大小:用于设置画笔笔尖直径的大小。

硬度:用于设置画笔笔尖边缘的柔和程度。

"从此画笔创建新的预设"按钮 :单击该按钮,将弹出"画笔名称"对话框,可以保存画笔样本。

画笔菜单按钮 :单击右上角的 按钮,会弹出画笔控制菜单。利用该菜单可以进行选择画笔样本、设置画笔的显示形式、载入画笔等操作。

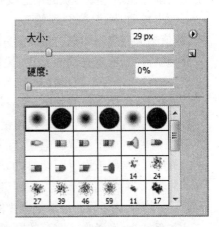

图 4-2

（2）模式

用于设置绘画的前景色与作为画纸的背景之间的混合效果，默认为"正常"模式。

（3）不透明度

用于设置绘图颜色的不透明度，取值范围为 0%～100%，数值越高，画笔透明度就越低。

（4）流量

用于设置画笔在绘画时流出的油彩数量，取值范围为 0%～100%，该数值越大，则涂抹时流出的油彩数量越多，所绘制的图案就越浓重。

（5）喷枪

单击"喷枪"按钮 ，将启用喷枪功能。此时使用画笔绘画，绘画的颜色会因鼠标指针的停留而向外扩展，画笔笔尖的硬度越小，效果就越明显。

2）"画笔"面板

执行"窗口＞画笔"菜单命令（快捷键【F5】），或单击画笔工具选项栏中 按钮都可打开"画笔"面板，如图 4-3 所示。

（1）画笔预设：单击该按钮可切换到"画笔预设"面板，从中选择预设的画笔笔尖形状，更改笔尖的大小。

（2）画笔笔尖形状：用于选择画笔笔尖形状，设置画笔笔尖的详细参数（大小、翻转、角度、圆度、硬度和间距等），并预览当前画笔笔尖的设置效果。

翻转 X：可使画笔笔尖形状水平翻转。

翻转 Y：可使画笔笔尖形状垂直翻转。

角度：用于设置画笔笔尖形状的旋转角度。

圆度：用于设置椭画笔笔尖形状的高宽比，越小越扁。

（3）间距：用于设置连续运笔时，前后两个画笔笔尖形状之间的距离。

（4）形状动态：通过画笔笔尖的大小抖动、最小直径、角度抖动、圆度抖动、最小圆度和翻转抖动等选项，设定绘画过程中笔尖形状的动态变化情况。

大小抖动：用于控制画笔笔尖大小的动态变化效果，数值越大变化越明显，1%时表示没有抖动。

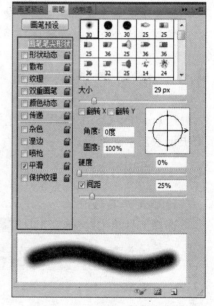

图 4-3

控制：控制画笔抖动的方式，其中"渐隐"选项使用最频繁。"渐隐"数值越大，绘画时画笔笔尖形状逐渐变小的步骤越多，距离就越长。

最小直径：用于设置画笔大小抖动时的最小直径。

角度抖动：用于设置画笔角度的随机性，数值越大随机性越大。

圆度抖动：用于设置画笔圆度的随机性，数值越大随机性越大。

最小圆度：用于设置圆度抖动时的最小圆度。

翻转 X 抖动、翻转 Y 抖动：可启动画笔水平、垂直的随机翻转。

（5）散布：用于设置所绘笔画中笔迹的数量和位置等特性，形成笔迹沿笔画散布的效果。

散布：用于设置画笔散布的距离，值越大，散布范围越大。

两轴:选择此复选项,画笔同时在水平和垂直方向上分散;如果不选择此复选项,则画笔只在垂直于绘制的方向上分散。

数量:用于控制画笔产生的数量,数值越大,数量越多。

数量抖动:用于设置画笔数量产生的随机性,数值越大随机性越大。

(6)纹理:用来选择图案,使绘制后的画笔图像产生图案的纹理效果。

缩放:用于设置图案纹理在画笔中显示的大小,数值越大,图案纹理显示面积就越大

模式:设置画笔与纹理之间的交互方式。

深度:用于设置图案纹理在画笔中融入的深度,数值越大,显示就越深。

深度抖动:当选择"为每个笔尖设置纹理"时可设置。用于设置图案纹理融入到画笔中的随机变化,数值越大,随机性越强。

(7)双重画笔:组合两个笔尖来创建画笔笔迹。将在主画笔的画笔描边内应用第二个画笔纹理,仅绘制两个画笔描边的交叉区域。

模式:用于设置主画笔与第二种画笔之间的混合方式。

大小:用于设置第二种画笔的大小,数值越大,在第一种画笔中显示就越大。

间距:用于设置第二种画笔在第一种画笔中的分布距离。

散布:用于设置第二种画笔在第一种画笔中的分布范围。

数量:用于设置第二种画笔在第一种画笔中的显示数量。

(8)颜色动态:设置绘画过程中画笔颜色的动态变化。

前景/背景抖动:用于设置画笔颜色从前景色到背景色之间的随机性。

色相抖动:用于设置前景色和背景色之间的色调偏移方向,数值小,则色调偏向前景色;数值大,则色调偏向背景色。

饱和度抖动:用于设置画笔颜色饱和度的随机性。

亮度抖动:用于设置画笔颜色亮度的随机性。

纯度:用于设置画笔颜色的新鲜程度,数值大,颜色鲜艳;数值小,颜色暗。数值为−100%时绘出颜色为灰色。

(9)传递:用于调整画笔颜色的改变方式。

(10)不透明度抖动:用于设置画笔颜色不透明度的随机性。

(11)流量抖动:用于设置画笔油彩数量的随机性。

(12)其他选项

杂色:为画笔的边缘添加杂色。当应用于柔性画笔时效果明显。

湿边:沿画笔的边缘增大油彩量,从而创建水彩效果。当应用于柔性画笔时效果明显。

喷枪:与选项栏中的"喷枪"选项的效果相同。

平滑:在绘画中生成更平滑的曲线。当使用光笔进行绘画时,此选项最有效。

保护纹理:将相同图案和缩放比例应用于具有纹理的所有画笔预设。选择此选项后,在使用多个纹理画笔绘画时,可以模拟出一致的画布纹理。

3)自定义画笔

"自定义画笔"功能可以将选定的图像定义为画笔笔尖。

【课堂制作4.1】　绘制蝴蝶飞舞的效果

Step 01　打开"第四章\素材\蝴蝶.png"图像文件,此时在文档窗口中可看到完整的

图像。

Step 02 执行"编辑＞定义画笔预设"菜单命令，弹出"画笔名称"对话框，如图 4-4 所示。在"名称"文本框中输入画笔样式的名称"蝴蝶"，完成后单击"确定"按钮。

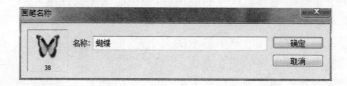

图 4-4

Step 03 打开"第四章\素材\庐山.jpg"图像文件。单击"画笔工具" ，在画笔选项栏中单击 ·按钮，弹出"画笔预设"选取器面板，此时在选择框中可以看到新建的画笔样式，如图 4-5 所示，单击该画笔样式。

Step 04 执行"窗口＞画笔"菜单命令（快捷键【F5】），或单击画笔工具选项栏中按钮 ，打开"画笔"面板，在"画笔笔尖形状"栏里，选择"间距"，并设置为 25％。

Step 05 选择"形状动态"选项，参数设置如图 4-6 所示；选择"散布"选项，参数设置如图 4-7 所示；选择"颜色动态"选项，参数设置如图 4-8 所示。

Step 06 设置前景色为（R215、G136、B34），调整画笔大小后在图像中随意单击，绘制出蝴蝶飞舞的效果，如图 4-9 所示。

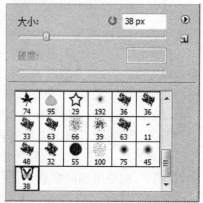

图 4-5

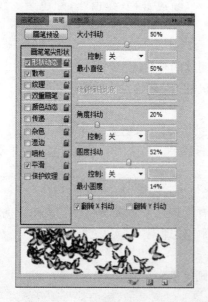

图 4-6

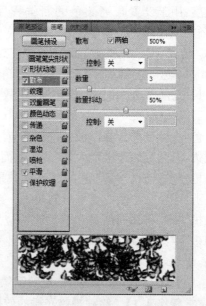

图 4-7

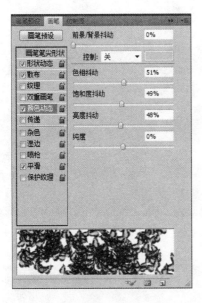

图 4-8

图 4-9

4.1.2　铅笔工具

铅笔工具的主要作用是使用前景色绘制随意的硬边线条,其参数设置及用法与画笔工具类似。

铅笔工具选项栏上有一个特殊选项:"自动抹除"。选择"自动抹除"复选框,使用铅笔工具绘画时,若起始点像素的颜色与前景色相同,则使用背景色绘画;否则使用前景色绘画。

4.2　历史记录画笔和颜色替换工具

4.2.1　历史记录画笔工具

"历史记录画笔工具" 用于将选定的历史记录状态或某一快照状态绘制到当前图层,其选项栏参数设置与画笔工具相同。

【课堂制作 4.2】　历史记录画笔工具的应用

Step 01　打开"第四章\素材\公园.tif"图像文件,如图 4-10 所示。

Step 02　选择"滤镜>风格化>风"菜单命令,弹出"风"对话框,设置方法为"大风",单击"确定"按钮,"风"风格化滤镜效果如图 4-11 所示。

Step 03　选择"历史记录画笔工具" ,设置画笔笔尖大小 40px,其他选项默认。

Step 04　在"历史记录"面板的"打开"步骤前面的方块里单击,用来设置历史记录画笔的源,方块里出现 图标,如图 4-12 所示。

Step 05　使用"历史记录画笔工具" 在图像的左侧涂抹,将该部分图像恢复到打开时的状态(通过在历史记录画笔工具选项栏上修改"不透明度"数值,还可以控制图像恢复的程度),效果如图 4-13 所示。

图 4-10

图 4-11

图 4-12

图 4-13

4.2.2　历史记录艺术画笔工具

"历史记录艺术画笔工具" 使用指定历史记录状态或快照中的源数据,以风格化描边进行绘画。通过尝试使用不同的绘画样式、大小和容差选项,可以用不同的色彩和艺术风格模拟绘画的纹理。历史记录艺术画笔工具选项栏如图 4-14 所示。

图 4-14

　　像历史记录画笔工具一样,历史记录艺术画笔工具也将指定的历史记录状态或快照用作源像素,但历史记录画笔是通过重新创建指定的源像素来绘画,而历史记录艺术画笔在使用这些像素的同时,还可以应用不同的艺术风格选项。

样式:控制绘画的形状。

区域:用于指定绘画所覆盖的区域。数值越大,覆盖的区域就越大。

容差:用于限定绘画的适应区域。

【课堂制作4.3】 制作油画效果

Step 01 打开"第四章\素材\荷花.jpg"图像文件,如图4-15所示。

Step 02 新建"图层1",如图4-16所示。设置前景色为白色,用油漆桶工具单击画面以填充白色。

图4-15   图4-16

Step 03 选择"历史记录艺术画笔工具" ,在其选项栏中设置参数如图4-17所示。

图4-17

Step 04 在"历史记录"面板的"打开"步骤前面的方块里单击,用来设置历史记录艺术画笔的源,方块里出现 图标,如图4-18所示。

Step 05 在画面上随意涂画,直到画满整个画面,效果如图4-19所示。

图4-18   图4-19

Step 06 复制图层1,混合模式设置为"强光",如图4-20所示。

Step 07 选择"滤镜>画笔描边>强化的边缘"菜单命令,设置"强化的边缘"对话框中的参数如图4-21所示。设置"强光"模式、"强化的边缘"滤镜后的效果如图4-22所示。

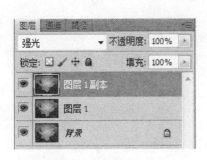

图 4-20   图 4-21

图 4-22

4.2.3 颜色替换工具

"颜色替换工具" 的作用是使用前景色快速替换图像中的特定颜色,同时保留原来的纹理与阴影效果。颜色替换工具选项栏如图 4-23 所示。

图 4-23

画笔:用于设置画笔笔尖的大小、硬度、间距、角度、圆度等参数。

模式:设置画笔模式,使当前画笔颜色以指定的颜色混合模式应用到图像上。默认选项为"颜色",仅影响图像的色调与饱和度,不改变亮度。

颜色取样的方式:有"连续""一次"和"背景色板"三种。

单击"连续"按钮 ,可使工具在拖动过程中不断地对颜色进行取样。

单击"一次"按钮 ,可将首次单击点的颜色作为取样颜色。

单击"背景色板"按钮 ,则只替换包含当前背景色的像素区域。

所谓"取样颜色",即图像中能够被前景色替换的区域的颜色。

限制:有"不连续""连续"和"查找边缘"3个选项。

"不连续"选项替换图像中与"取样颜色"匹配的任何位置的颜色。

"连续"选项仅替换与"取样颜色"位置邻近的连续区域内的颜色。

"查找边缘"选项类似"连续"选项,只是能够更好地保留被替换区域的轮廓。

容差:用于确定图像的颜色与"取样颜色"接近到什么程度时才能被替换。较低的取值下,只有与"取样颜色"比较接近的颜色才能被替换;较高的取值能够替换更广范围内的颜色。

消除锯齿:选择该复选框,可以使图像中颜色被替换的区域获得更平滑的边缘。

【课堂制作 4.4】 替换颜色

Step 01 打开"第四章\素材\向日葵.jpg"文件,如图 4-24(a)所示。

Step 02 选择"颜色替换工具" ,在其选项栏中设置:模式为"颜色"、取样为"连续"、限制为"查找边缘"、容差为 20%,勾选"消除锯齿"。

Step 03 设置前景色为(R224、G32、B6),在图像中花瓣部分涂抹,替换颜色后的效果如图 4-24(b)所示。

4.3 填充与描边

填充是指在选区、路径或图层内部添加颜色或图案。向选区或路径的轮廓添加颜色,则称作描边。

　　　　(a) 原图　　　　　　　　　　　　　　　　(b) 效果图

图 4-24

4.3.1 填充命令

填充命令可以对选区或图层使用颜色、图案、历史记录等进行填充,同时可以设置填充的不透明度和混合模式,操作步骤如下:

Step 01 选择要填充的区域。如果要填充整个图层,请在"图层"面板中选择该图层。

Step 02 执行"编辑＞填充"菜单命令,弹出"填充"对话框,如图 4-25 所示,设置其中的参数。

使用:在此下拉列表中可以选取填充的颜色或图案。

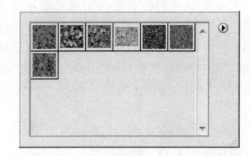

图 4-25   图 4-26

（1）选择颜色填充：可以选取前景色、背景色、黑色、50％灰色或白色等 5 种指定颜色填充，或选取"颜色"选项从拾色器中选择需要的颜色。

（2）选择图案填充：可以选择"图案"选项，激活下面的"自定图案"选项，单击会弹出图案面板，如图 4-26 所示，从中选择一种图案进行填充，也可以单击右侧的三角形按钮 ，从弹出的菜单中选择艺术表面、彩色纸、灰度纸、自然图案等预设的图案类别。

模式：指定填充的混合模式。

不透明度：设置填充的不透明度。

保留透明区域：选择此复选框，只填充图层中包含像素的区域，透明区域不填充。

Step 03   单击"确定"按钮完成填充。

填充时常用的快捷操作方法是：

按快捷键【Alt＋Delete】为选区或当前图层填充前景色；

按快捷键【Ctrl＋Delete】为选区或当前图层填充背景色。

4.3.2   油漆桶工具

"油漆桶工具" 的功能与填充命令类似，也用于填充单色（当前前景色）或图案，不同之处在于，油漆桶工具可以根据单击像素的容差值和图像的连续性进行填充，其选项栏如图 4-27 所示。

图 4-27

填充：有"前景"和"图案"两种填充方式。选择"图案"选项，可以在其下拉列表框 中选择不同的图案进行填充。

模式：用于设置颜色或图案与底图的混合模式。

不透明度：用于设置填充颜色的不透明度。

容差：用于设置油漆桶每次单击像素的颜色相似度，值的范围可以从 0 至 255。低容差会填充与所单击像素非常相似的颜色，高容差则填充更大范围内的颜色。

消除锯齿：选择此复选框，可以平滑填充选区的边缘。

连续的：选择此复选框，仅填充与所单击像素邻近的像素，否则填充图像中的所有相似的像素。

　　所有图层:选择此复选框,则在当前图层中基于所有可见图层进行采样填充;否则只采样当前图层。

4.3.3　定义图案

　　图案是一种图像,使用这种图像可以在图层或选区中重复填充。Photoshop 附带多种预设图案,可以创建新图案并将它们存储在预设图案库中,以便供不同的工具和命令使用。预设图案显示在油漆桶、图案图章、修复画笔和修补工具选项栏的弹出式面板中,以及填充和图层样式对话框中。

　　1)将图像定义为预设图案

　　【课堂制作 4.5】　预设图案的定义

　　Step 01　打开"第四章\素材\花.psd"文件,使用"矩形选框工具"选择要定义为图案的图像,如图 4-28 所示。

　　注意:必须将"羽化"设置为 0px。

　　Step 02　执行"编辑>定义图案"菜单命令,在弹出的"图案名称"对话框中输入图案的名称:花。单击"确定"按钮。

图 4-28

　　Step 03　新建一个宽 400 像素、高 300 像素的文档。

　　Step 04　执行"编辑>填充"菜单命令,在其图案面板中,可以看到刚定义的图案,如图 4-29 所示。使用自定义图案"花"填充后的效果如图 4-30 所示。

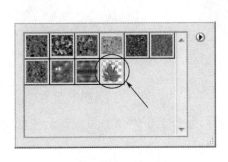

图 4-29

图 4-30

　　2)定义无缝拼贴图案

　　无缝拼贴图案是设计中很常用的一种设计图案,使用这种图案进行填充得到的图像没有分隔感,而图 4-30 则给人明显的拼接感觉。

　　【课堂制作 4.6】　无缝拼贴图案的制作

　　Step 01　打开"第四章\素材\花.psd"文件。

　　Step 02　执行"图像>画布大小"菜单命令,调整宽度和高度都为原来的 2 倍,将花放在左上角。

　　Step 03　执行"视图>新建参考线"菜单命令,新建一条居中的垂直参考线;三条水平参考线,分别放在 1/4、1/2、3/4 高度的位置。如图 4-31 所示。

Step 04 按住【Alt】键,用"移动工具"向右拖动图像,复制得到"图层 1 副本",使复制得到的图像左边与垂直参考线重合。执行"编辑＞变换＞水平翻转"菜单命令,如图 4-32 所示。

Step 05 把图层 1 副本中的花向下移动,使图像的顶端与第一条水平参考线贴齐,如图 4-33 所示。

Step 06 选择图层 1,按住【Alt】键,用移动工具向下拖动图像,复制得到"图层 1 副本 2",使复制得到的图像顶端与第二条水平参考线贴齐,如图 4-34 所示。

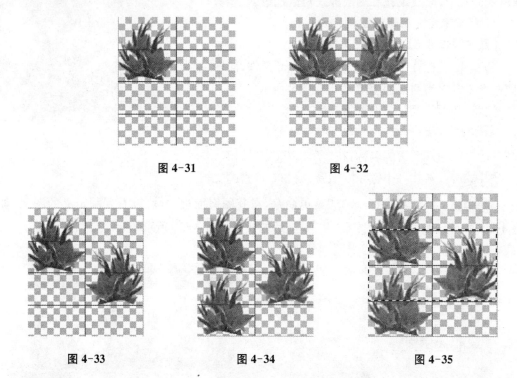

图 4-31 图 4-32

图 4-33 图 4-34 图 4-35

Step 07 选择"矩形选框工具",设置羽化为零,贴齐上下两条参考线框选中间部分,如图 4-35 所示。

Step 08 执行"编辑＞定义图案"菜单命令。在弹出的"图案名称"对话框中输入图案的名称:花1。单击"确定"按钮。

Step 09 新建一个宽 400 像素、高 300 像素的文档。

Step 10 选择"油漆桶工具",在工具选项栏的填充方式选择"图案",单击下拉列表框 ,在其图案面板中,可以看到刚定义的图案"花 1",双击选择后,在文档中单击。使用无缝拼贴图案"花 1"填充后的效果如图 4-36 所示。

图 4-36

4.3.4　渐变工具

渐变工具  用来填充多种颜色的渐变效果,如果不创建选区,渐变工具将作用于整个图层。此工具的使用方法是按住鼠标左键拖曳,形成一条直线,直线的长度和方向决定了渐变填充的区域和方向,拖曳鼠标的同时按住【Shift】键可保证拖曳的方向是水平、竖直或45°。

1)渐变工具选项栏

渐变工具选项栏如图4-37所示。

图 4-37

（1）可编辑渐变条 :渐变颜色条中显示了当前的渐变颜色,单击其右侧的下拉按钮,可以打开"预设渐变色"面板,如图4-38所示,从中选择所需渐变色。单击渐变颜色条,则打开"渐变编辑器"对话框,可对当前选择的渐变色进行编辑修改或定义新的渐变色。

（2）渐变类型 :渐变类型包括线性渐变、径向渐变、角度渐变、对称渐变和菱形渐变5种渐变类型,如图4-39所示。

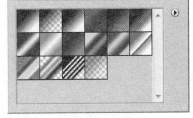
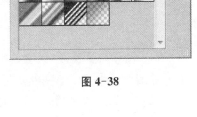

图 4-38

线性渐变 :从起点到终点以直线渐变。

径向渐变 :从起点到终点以球形放射渐变。

角度渐变 :围绕起点以逆时针方向环绕渐变。

对称渐变 :在起点两侧产生对称直线渐变。

菱形渐变 :从起点到终点以菱形图案渐变。

（a）线性渐变　　　（b）径向渐变　　　（c）角度渐变　　　（d）对称渐变　　　（e）菱形渐变

图 4-39

（3）模式:设置应用渐变时的混合模式。

（4）不透明度:设置渐变效果的不透明度。

（5）反向:可转换渐变条中的颜色顺序,选中它得到反向的渐变效果。

（6）仿色:该选项用来控制色彩的显示,选中它可以使色彩过渡更平滑。

（7）透明区域:选中该选项可创建透明渐变;否则只能创建实色渐变。

2)渐变编辑器

在渐变工具选项栏中单击渐变颜色条,打开"渐变编辑器"对话框,如图4-40所示,可对当前选择的渐变色进行编辑修改或定义新的渐变色。

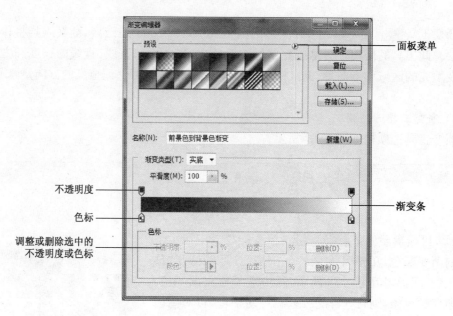

图 4-40

（1）预设：在"预设"栏中单击预设的渐变色，在"名称"框里会显示其对应的名称，并在下面的渐变条中显示渐变的效果。

（2）色标：在渐变条的下端是色标，左边是起点。

单击色标，其上方的白色三角形变黑，表示被选中，在下面的"色标"栏中，"颜色"右边的色块会显示该色标的颜色，单击此色块，在弹出的"选择色标颜色"对话框中选择颜色；单击色块右边的三角形按钮，在弹出的下拉列表中可以选择"前景""背景"，即前景色、背景色。

拖动色标可以调整其位置，或在"色标"栏的"位置"文本框中输入精确的位置值。

将鼠标指针移到渐变条的下面，当指针变成手形时单击，可以添加色标。不需要的色标，选择后单击"色标"栏中的"删除"按钮即可删除。

（3）不透明度：在渐变色条的上端是不透明度标记。

单击不透明度标记可以创建透明的渐变效果，操作方法和色标类似。

注意：应用具有透明的渐变时，在渐变工具选项栏中要选择"透明区域"选项。

【课堂制作 4.7】 渐变工具的应用

Step 01 新建一个宽为 600 像素、高为 450 像素的文件。

Step 02 设置背景色为白色、前景色为浅蓝色"＃43cff0"。选择"渐变工具"，在其选项栏中，单击"渐变条" 右侧的下拉箭头，选择"前景色到背景色渐变"预设；渐变类型为"线性渐变"；其他为默认选项。在图像区域自上而下拖出一条渐变线，产生天空的效果，效果如图 4-41 所示。

Step 03 新建图层，命名为"山坡"。

Step 04 选择"矩形选框工具"在图像下部三分之一处绘制一矩形选区，右击选区，在快捷菜单中选择"变换选区";在其选项栏中单击 ⬚ ，转换为"变形模式"，调整选区为山坡形状，如图4-42所示，按回车键确认变换。

Step 05 设置前景色为"♯6ca204"、背景色为"♯87bb00"。选择"渐变工具" ▣ ，使用"前景色到背景色渐变"预设、"线性渐变"类型，从山坡的左上角到右下角拖出一条渐变线，按【Ctrl＋D】快捷键取消选区。效果如图4-43所示。

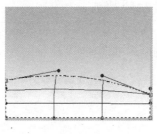

图4-41 图4-42 图4-43

Step 06 新建图层，命名为"太阳"。

Step 07 选择"椭圆选框工具"在图像右上角绘制一正圆选区。设置前景色为"♯e2ec00"，按【Alt＋Delete】填充圆，效果如图4-44所示。按【Ctrl＋D】快捷键取消选区。

Step 08 新建图层，命名为"光晕"。在"图层"面板中，将"光晕"图层拖到"太阳"图层的下面。

Step 09 设置前景色为"♯fe9703"。

Step 10 选择"渐变工具" ▣ ，使用"前景色到透明渐变"预设、"径向渐变"类型，从太阳的中心向外拖出一条渐变线，光晕的大小由渐变线的长度决定，效果如图4-45所示。

Step 11 新建图层，命名为"彩虹"。在"图层"面板中，将"彩虹"图层拖到"山坡"图层的下面。

Step 12 选择"渐变工具" ▣ ，在其选项栏中，单击"渐变条" ▭▾ 右侧的下拉箭头，在弹出的"预设渐变色"面板中单击三角形按钮 ▶ ，在快捷菜单中选择"特殊效果"，再单击"追加"按钮，在"预设渐变色"面板中选择"罗素彩虹"，从图像的左下角向内拖出一条渐变线，效果如图4-46所示。

如果想要更逼真的图像效果，可以在"图层"面板中把"彩虹"图层的不透明度调整到80%左右。

图4-44 图4-45 图4-46

Step 13 新建图层,绘制一个椭圆选区。选择"渐变工具" ,选择"橙、黄、橙渐变"预设、"对称渐变"类型,从椭圆的中心到椭圆的长轴边缘拖出一条渐变线绘制一个花瓣,效果如图 4-47 所示。

为了便于操作,可以先将其他图层隐藏起来。

Step 14 按【Ctrl+T】快捷键自由变换,在其选项栏中设置变换中心为 ,角度为 30 度,按【Enter】键确认,效果如图 4-48 所示。

Step 15 按【Ctrl+Shift+Alt+T】快捷键,重复执行变换操作,同时把变换的结果复制到新的图层中。多次操作后的结果如图 4-49 所示。

图 4-47　　　　　　　　　图 4-48　　　　　　　　　图 4-49

Step 16 合并各个花瓣的图层,并命名为"花"。调整花的大小和位置,如图 4-50 所示。

Step 17 在"花"图层下面新建图层,并在花的下面绘制一矩形选区。设置前景色为深绿色"#213a0b",按【Alt+Delete】填充矩形,效果如图 4-51 所示。

Step 18 合并这两个图层。按【Ctrl+J】快捷键复制花两次,调整花的大小和位置,最后的效果如图 4-52 所示。

图 4-50　　　　　　　　　图 4-51　　　　　　　　　图 4-52

4.3.5　描边命令

使用"描边"命令可以在选区、路径或图层周围绘制彩色边框。如果按此方法创建边框,则该边框将变成当前围层的栅格化部分。下面以实例说明描边命令的操作。

【课堂制作 4.8】　给树叶描边

Step 01 打开"第四章\素材\树叶.tif"图像文件。

Step 02 在"图层"面板中双击背景图层,转换为普通图层"图层0"。

Step 03 使用选择工具选择要描边的树叶,如图4-53所示。

注意:如果没有选区,则给整个图层描边。

Step 04 选择"编辑>描边"菜单命令,弹出"描边"对话框,如图4-54所示。

宽度:输入描边边框的宽度为"2px"。

颜色:单击该颜色块,可在弹出的"选取描边颜色"对话框中选择"红色";如果不选择颜色,则使用前景色描边。

位置:指定是在选区或图层边界的内部、外部还是中心放置边框,选择"居中"。

注意:如果图层内容填充整个图像,则在图层外部应用的描边将不可见。

Step 05 单击"确定"按钮。描边后的效果如图4-55所示。

保留透明区域:如果当前描边的区域或图层内存在透明区域,选择该选项,将不对透明区域进行描边。

图 4-53

图 4-54

图 4-55

5

修饰图像

图像经常会有一些小的瑕疵,如人物照有皱纹、雀斑或眼袋等,一些老照片会有污点、划痕等,使用修复与修饰类工具,可将这些有缺憾的图像快速地修复、润饰。

课堂学习目标

掌握图像修复修补类工具的使用方法
掌握图像修饰类工具的使用方法
掌握图像擦除类工具的使用方法

5.1 修复与修补工具

5.1.1 污点修复画笔工具

"污点修复画笔工具" 可以快速清除图像中的污点、裂痕等不理想的部分。它能够自动从所修饰区域或周围取样,并将样本像素的纹理、光照、透明度和阴影与所修复的像素相匹配,使修复区域无缝融合到周围的环境中。

污点修复画笔工具的选项栏如图 5-1 所示。

图 5-1

类型:选择样本像素的类型,有近似匹配、创建纹理和内容识别 3 种选择。

近似匹配:使用污点周围的像素修补污点,一般选择"近似匹配"即可。

创建纹理:创建一个用于修复污点区域的纹理修复图像。

内容识别:比较污点附近的图像内容,不留痕迹地填充选区,同时保留让图像栩栩如生的关键细节,如阴影和对象边缘。

对所有图层取样:选择该复选框,可以对所有可见图层中的像素取样进行处理,但结果只保留在当前图层中;否则,仅对当前图层中的像素进行处理。

【课堂制作 5.1】 消除人皮肤上的黑点

Step 01 打开"第五章\素材\5-1-1.jpg"图像文件,如图 5-2 所示。

Step 02 选择"污点修复画笔工具" 。

Step 03 　在污点修复画笔工具选项栏中,设置画笔的"大小"为 13px。

画笔大小比要修复的区域稍大一点最为适合,这样只需单击一次即可覆盖整个区域。

Step 04 　"类型"选择"近似匹配"。

Step 05 　单击人皮肤上要修复的区域,即可消除黑点,效果如图 5-3 所示。

单击并拖动鼠标可以修复较大区域中的瑕疵。

图 5-2 　　　　　　　　　　　　　　　　　　　　　　图 5-3

5.1.2　修复画笔工具

污点修复画笔工具适合修复数量较少的污点,如果污点多且复杂,就要使用"修复画笔工具" 了,它可以利用选取的样本像素与修复区域像素的纹理、光照、透明度和阴影进行匹配,从而使修复后的像素不留痕迹地融入图像的其余部分。修复画笔工具的选项栏如图 5-4 所示。

图 5-4

源:选择样本像素。有"取样"和"图案"两种选择。

取样:选择该单选按钮,须按住【Alt】键从当前图像单击取样,使用取样点修复图像。

图案:选择该单选按钮后,可单击右侧的图案按钮,打开图案面板选择一种图案修复图像。

对齐:选择该复选框,每次停止并重新开始绘画时使用最新的取样点进行绘制,并且保持取样点和绘制点之间的相对位置不变;取消选择,则每次停止操作后再继续绘画时,都将从初始取样点开始取样绘制。

样本:确定从哪些可见图层进行取样。包括当前图层、当前和下方图层、所有图层 3 个选项。

【课堂制作 5.2】　清除部分芦苇

Step 01 　打开"第五章\素材\5-1-2.tif"图像文件,如图 5-5 所示。

Step 02 　选择"修复画笔工具" ,在其选项栏上设置画笔大小为 32px,选择"取样"

单选按钮、"对齐"复选框,其他选项保持默认。

图 5-5   图 5-6

Step 03　将光标移动到图像右边芦苇边的波浪上,按住【Alt】键,鼠标指针变成十字靶状时单击取样,然后松开【Alt】键,就近在芦苇上涂抹。

涂抹过程中,取样位置将显示一个细十字,而在涂抹处将显示代表画笔大小的空心圆,并且细十字一直跟着空心圆移动。

Step 04　重复步骤 03 操作,结果如图 5-6 所示。

注意:取样点可以切换到其他图层,也可以选择其他图像文件的某个图层。

5.1.3　修补工具

修复画笔工具属于轨迹型绘图工具,它完全依赖使用者鼠标的移动,虽然灵活,但对于绘制区域边界的把握不容易精准。虽然减小笔刷宽度可以改善这一点,但较小的笔刷又会增加绘制的时间。为了弥补这个不足,我们可以使用"修补工具"。修补工具的作用原理和效果与修复画笔工具是一样的,可将样本像素的纹理、光照和阴影等信息与源像素进行匹配,只是它们的使用方法有所区别。修补工具的操作是基于区域的,因此要先定义好一个区域。修补工具的选项栏如图 5-7 所示。

图 5-7

选区运算按钮:与选区工具的对应选项用法相同。

修补:包括"源"和"目标"两种使用补丁的方式。

源:用目标像素修补选区内像素。先选择需要修复的区域,再将选区拖动到要取样的目标区域上。

目标:与源选项相反。先选择要取样的区域,再将选区拖到需要修复的目标区域上。

透明:将取样区域或选定图案以半透明方式应用到要修复的区域上。

使用图案:先选中一个待修补的区域,再单击"使用图案"右侧的下拉按钮,打开图案面板,从中选择预设图案或自定义图案作为取样像素,再单击"使用图案"按钮即可修补到当前选区内。

【课堂制作5.3】　去除眼袋

Step 01　打开"第五章\素材\5-1-3.jpg"图像文件,如图5-8所示。

Step 02　选择"缩放工具" 🔍 放大图像。

Step 03　选择"修补工具" 🔘 ,在其选项栏上选择"源"。

Step 04　选择眼袋区域,如图5-9所示。

Step 05　按住选区向下拖动鼠标,到眼袋下方光滑皮肤的地方松开左键,眼袋处即被下方光滑皮肤覆盖,效果如图5-10所示。

Step 06　重复第4步,如图5-11所示。

Step 07　重复第5步,效果如图5-12所示。

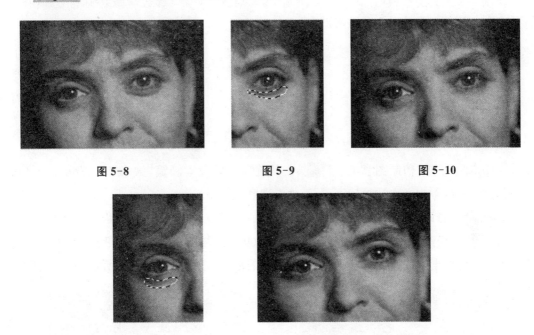

图5-8　　　　　　　图5-9　　　　　　　图5-10

图5-11　　　　　　　　图5-12

5.1.4　图案图章工具

"图案图章工具" 🖼 可以使用预设图案或自定义图案进行绘画,其选项栏如图5-13所示。

图5-13

对齐:选择该复选框,复制出的图案会对齐而不重叠。

印象派效果:选择该复选框,复制出的图案有一种雾蒙蒙的感觉,产生印象派绘画风格的效果。

图案图章工具的操作步骤如下:

Step 01 选择"图案图章工具"，从其选项栏上选择合适的画笔大小。

Step 02 从其选项栏上打开图案面板，选择预设图案或自定义图案。

Step 03 在图像中涂抹，即可使用选取的图案绘画。

注意：如果有选区，则只在选区范围内绘画。

5.1.5 仿制图章工具

"仿制图章工具"用于复制图像的局部，通过采样可以将图像的一部分绘制到其他位置，或绘制到具有相同颜色模式的任何打开的文档中。仿制图章工具对于复制对象或移去图像中的缺陷很有用。

仿制图章工具的选项栏如图 5-14 所示。其"对齐""样本"参数与修复画笔工具相同，其他参数与画笔工具的对应参数相似。

图 5-14

【课堂制作 5.4】 复制鸡蛋

Step 01 打开"第五章\素材\5-1-5.jpg"图像文件，如图 5-15 所示。

Step 02 选择"仿制图章工具"，在其选项栏中设置画笔"大小"为 17px，选择"对齐"复选框，可以不用一次性涂抹完成，其他选项默认。

Step 03 将鼠标指针移到取样点（比如鸡蛋的中心），按住【Alt】键单击取样。

Step 04 松开【Alt】键，将指针移到图像的其他区域按住左键拖动，开始复制图像（注意源图像数据的十字取样点，适当控制指针移动的范围），效果如图 5-16 所示。

图 5-15   图 5-16

5.1.6 红眼工具

"红眼工具"用于消除照片中由于闪光灯产生的红眼现象。红眼工具的选项栏如图 5-17 所示。

图 5-17

瞳孔大小:设置修复后瞳孔的大小。

变暗量:设置修复后瞳孔的暗度。

【课堂制作5.5】 去除照片上的红眼

Step 01 打开"第五章\素材\5-1-6.jpg"图像文件,可放大眼睛部位以便选择红眼区域,如图5-18所示。

Step 02 选择"红眼工具" ，选项栏保持默认值。

Step 03 在眼睛的红色区域单击即可消除红眼,如图5-19所示。若对结果不满意,可撤消操作,尝试使用不同的瞳孔大小和变暗量。

图5-18　　　　　　　　　　　　图5-19

5.2 修饰工具

5.2.1 模糊工具

"模糊工具" 常用于柔化图像中的硬边缘,或减少图像的细节,降低对比度。模糊工具的选项栏如图5-20所示。

强度:设置模糊的强度,数值越大,模糊程度越大,模糊效果越明显。

对所有图层取样:选择该复选框,可以对所有可见图层中的像素进行模糊处理;否则,仅对当前图层中的像素进行模糊处理。

图5-20

模糊工具的操作步骤如下。

Step 01 选择"模糊工具" ，从其选项栏上选择合适的画笔大小。

Step 02 在图像中需要模糊的区域涂抹。在某个区域上涂抹的次数越多,增强的模糊效果就越明显。

5.2.2 锐化工具

"锐化工具" 常用于锐化图像中的柔边,或增加图像的细节,以提高清晰度或聚焦程度。用此工具在某个区域上绘制的次数越多,增强的锐化效果就越明显。锐化工具的选项栏如图 5-21 所示。

图 5-21

强度:设置锐化的强度。数值越大,锐化效果越明显。

对所有图层取样:选择该复选框,可以对所有可见图层中的像素进行锐化处理;否则,仅对当前图层中的像素进行锐化处理。

保护细节:选择该复选框,可以增强细节并使图像锐化而产生的不自然感最小化。取消该选项,则可以产生较夸张的锐化效果。

锐化工具的操作步骤与模糊工具类似,在此不再重复。

5.2.3 涂抹工具

"涂抹工具" 可以模拟使用手指涂抹水粉画的效果。在图像上涂抹时,该工具将拾取涂抹开始位置的颜色,并沿拖动的方向展开这种颜色。该工具常用于混合不同区域的颜色或柔化突兀的图像边缘。涂抹工具的选项栏如图 5-22 所示。

图 5-22

强度:设置涂抹的强度。数值越大,涂抹效果越明显。

对所有图层取样:选择该复选框,可以对所有可见图层中的像素进行涂抹处理;否则,仅对当前图层中的像素进行涂抹处理。

手指绘画:选择该复选框,使用当前前景色进行涂抹;否则,使用拖动时指针起点处图像的颜色进行涂抹。

涂抹工具的操作步骤与模糊工具类似,在此不再重复。

5.2.4 减淡工具与加深工具

"减淡工具" 的作用是提高像素的亮度,主要用于改善图像中曝光不足的区域,加亮图像局部或制作高光效果。"加深工具" 的作用与减淡工具正好相反,可使图像中被操作的区域变暗。减淡工具或加深工具的选项栏如图 5-23 所示。

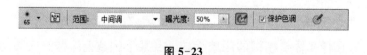

图 5-23

范围:确定工具作用的色调范围。有"阴影""中间调"和"高光"3 种选择。

阴影:定位于图像的较暗区域,其他区域影响较小。

中间调:定位在阴影与高光之间的中间调区域,其他区域影响较小。

高光:定位于图像的高亮区域,其他区域影响较小。

曝光度:设置减淡或加深的强度。取值越大,效果越显著。

喷枪工具:选择此选项,在按下鼠标后减淡或加深效果会一直改变。

保护色调:选择此选项,以最小化阴影和高光中的修剪,还可以防止颜色发生色相偏移。

【课堂制作 5.6】　减淡工具和加深工具的应用

`Step 01`　打开"第五章\素材\5-2-4.jpg"图像文件,如图 5-24 所示。

`Step 02`　选择"减淡工具" 🔍,设置画笔大小为 65px(软边圆),"范围"为高光,"曝光度"为 50％。在图像中的荷花上来回拖动涂抹,结果如图 5-25 所示。

`Step 03`　选择"加深工具" ✍,设置画笔大小为 65px(软边圆),"范围"为中间调,"曝光度"为 50％。在图像中的荷叶上来回拖动涂抹,降低亮度。

`Step 04`　调整"范围"为阴影,在图像的暗处来回涂抹,进一步降低亮度,结果如图 5-26 所示。

减淡工具和加深工具配合使用,可增强图像的层次感。

图 5-24　　　　　　　　　图 5-25　　　　　　　　　图 5-26

5.2.5　海绵工具

"海绵工具" 🧽 可精确地更改区域的色彩饱和度。当图像处于灰度模式时,该工具通过使灰阶远离或靠近中间灰色来增加或降低对比度。海绵工具的选项栏如图 5-27 所示。

图 5-27

模式:确定更改颜色的方式,有"饱和"和"降低饱和度"两个选项。

饱和:增加图像的色彩饱和度。

降低饱和度:降低图像的色彩饱和度。

自然饱和度:选择此选项,以最小化完全饱和色或不饱和色的修剪。

【课堂制作 5.7】　海绵工具的应用

`Step 01`　打开"第五章\素材\5-2-4.jpg"图像文件,如图 5-24 所示。

`Step 02`　选择"海绵工具" 🧽,设置画笔大小为 65px(软边圆),"模式"为降低饱和度,"流量"为 100％。

Step 03 在图像中的荷花上来回拖动涂抹，去色效果如图 5-28 所示。

Step 04 取消前面的海绵工具操作。

Step 05 调整"模式"为饱和，仍在图像中的荷花上来回拖动涂抹，加色效果如图 5-29 所示。

图 5-28   图 5-29

5.3 橡皮擦工具

橡皮擦工具组包括橡皮擦工具、背景色橡皮擦工具和魔术橡皮擦工具，主要用于擦除图像的颜色。

5.3.1 橡皮擦工具

"橡皮擦工具" 在不同类型的图层上擦除图像时，结果是不同的。

- 在背景图层上擦除时，被擦除区域的颜色以当前背景色取代。
- 在普通图层上擦除时，可将图像擦除为透明色。
- 在透明区域被锁定的图层上擦除时，将包含像素的区域擦除为当前背景色。

选择"橡皮擦工具" ，其选项栏如图 5-30 所示，其中多数选项的设置与画笔工具相同。

图 5-30

模式：设置擦除时的笔触形状，有"画笔""铅笔"和"块"3 种。

抹到历史记录：选择此复选框，可以将被擦除的图像再擦回到擦除前的状态。

5.3.2 背景色橡皮擦工具

无论在普通图层还是在背景图层上，不管图层的透明区域是否被锁定，"背景橡皮擦工具" 在拖动时都将图层上的像素抹成透明，并可以通过指定不同的取样和容差选项，控制透明度的范围和边界的锐化程度，从而可以在擦除像素的同时在前景中保留对象的边缘。在背景图层上擦除时，背景图层还将转化为普通图层。

背景橡皮擦工具的选项栏如图 5-31 所示,其中参数大多与颜色替换工具类似。

图 5-31

取样:设置取样的方式 。有"连续""一次"和"背景色板"三个选择按钮。

选择"连续"按钮 ,将随着拖动连续采取颜色样本;

选择"一次"按钮 ,只取第一次单击的颜色样本;

选择"背景色板"按钮 ,只抹除包含当前背景色的区域。

限制:用于设置擦除颜色的限制方式。有"不连续""连续"和"查找边缘"三种限制方式。

"不连续"选项将擦除出现在画笔下面任何位置的样本颜色;

"连续"选项将擦除包含样本颜色并且相互连接的区域;

"查找边缘"选项将擦除包含样本颜色的连接区域,同时更好地保留形状边缘的纹理。

容差:用于设置擦除颜色的范围。低容差仅限于擦除与样本颜色非常相似的区域。高容差则擦除范围更广的颜色。

保护前景色:选择该复选框,可禁止擦除与当前前景色匹配的区域。

【课堂制作 5.8】　背景橡皮擦工具的应用

Step 01　打开"第五章\素材\5-3-2.jpg"图像文件,如图 5-32 所示。

Step 02　选择"背景橡皮擦工具" ,在其选项栏中,画笔大小设置为 70px;"取样"选择背景色板;"限制"选择连续;"容差"设置为 50%;选择"保护前景色"。如图 5-33 所示。

Step 03　按住【Alt】键,鼠标指针变为吸管工具,在花瓣的边缘上单击,设置此处的颜色为前景色,这样可以确保花瓣的边缘不会被擦掉。

Step 04　设置背景色为图像中的绿色,这样以绿色背景为取样颜色,在擦除时只擦除背景的绿色或与其相近的颜色(由容差值决定)。

图 5-32

Step 05　使用"背景橡皮擦工具",在图像中的绿色背景部分单击或拖动涂抹,擦除效果如图 5-34 所示。

图 5-33

图 5-34

5.3.3 魔术橡皮擦工具

使用"魔术橡皮擦工具"  可擦除指定容差范围内的像素,其选项栏如图5-35所示,其中参数大多与魔棒工具类似。

图 5-35

容差:用于设置擦除颜色的范围。低容差仅限于擦除与样本颜色非常相似的区域。高容差则擦除范围更广的颜色。

消除锯齿:选择该复选框,可使擦除区域的边缘更平滑。

连续:选择该复选框,只擦除与单击像素连续的区域;取消选择,则擦除图像中的所有相似像素。

对所有图层取样:选择该复选框,以便利用所有可见图层中的组合像素来采集擦除色样。

不透明度:用于定义擦除强度。100%的不透明度将完全抹除像素。

魔术橡皮擦工具与橡皮擦工具、背景橡皮擦工具的某些功能类似。

(1)无论在普通图层还是在背景图层上,魔术橡皮擦工具和背景橡皮擦工具一样,都将像素抹成透明;在背景图层上擦除的同时,将背景图层转化为普通图层。

(2)在透明区域被锁定的图层上擦除时,魔术橡皮擦工具和橡皮擦工具一样,都将包含像素的区域擦除为当前背景色。

【课堂制作5.9】 魔术橡皮擦工具的应用

魔术橡皮擦工具可以看成是魔棒工具+删除命令的合成工具。

Step 01 打开"第五章\素材\5-3-2.jpg"图像文件,如图5-32所示。

Step 02 选择"魔术橡皮擦工具" ,在其选项栏中,"容差"设置为50%;选择"连续""消除锯齿"。

Step 03 使用"魔术橡皮擦工具",在图像中的绿色背景部分单击或拖动涂抹,擦除效果如图5-34所示。

可以看到,结果和使用背景橡皮擦工具一样,但效率更高。

6 编辑图像

本章将介绍图像的基本编辑方法,包括用到的基本工具以及基本操作方法,通过对本章的学习,使学生更加熟悉相应的基本工具以及快速地对图像进行编辑。

课堂学习目标

了解辅助工具的运用

了解图像的基础知识

掌握图像的基本编辑工具以及命令

6.1 图像编辑工具

使用图像编辑工具对图像进行编辑和整理,可以提高编辑和处理图像的效率。

6.1.1 注释工具

"注释工具" 主要是为了在图像上添加文本注释以说明图像的内容,以便辅助制作图像、备忘录等,当进行协同工作时,可以方便地进行沟通。

单击工具箱中的"注释工具" 按钮,调出注释工具选项栏,位于菜单栏的下方,如图 6-1 所示。

图 6-1

各注释工具选项的名称及功能如下所述:

作者 :在此文本框中可输入注释的作者,该信息将显示在弹出的注释窗口上方。

颜色: :单击颜色色框可以设置文本注释标志的颜色。

清除全部 :单击此按钮,可以清除图像上添加的所有注释信息。

:单击此按钮,可以显示或隐藏注释面板。

【课堂制作 6.1】 为图像添加注释

Step 01 打开"第六章\素材\金发公主.jpg"图像文件,如图 6-2 所示。

Step 02 在工具箱中单击"注释工具" ,然后在图像上单击鼠标左键,此时图像上会

出现记事本图标 ，且系统自动弹出"注释"面板，如图 6-3 所示。

Step 03　在注释工具选项栏作者文本框中输入作者名称"无锡工艺"，此信息将显示在注释窗口上方；单击颜色色框设置文本注释标志的颜色为"♯ee2789"，注释最好与图像有着明显的色彩区别；在"注释"面板中输入文字"梦幻童话世界！"，效果如图 6-4 所示。

图 6-2

图 6-3

Step 04　如果需要继续注释文件，再次单击"注释工具" ，然后在图像上单击鼠标左键，添加新注释文件的方法参照 Step 03，效果如图 6-5 所示。

图 6-4

图 6-5

Step 05　如果需要修改已有的注释文件，可以在"注释面板"中单击"选择下一个注释"按钮 ，切换到下一个注释页面，然后在注释面板中进行编辑修改，如果要修改上一注释页面，单击"选择上一注释"按钮 ，切换到上一个注释页面进行编辑修改，如图 6-6 所示。

Step 06　如果需要删除注释面板中的注释文字，按 Backspace 逐字删除文字，其页面仍然保留；也可以在要删除的注释页面下单击"删除注释"按钮 ，弹出"是否删除此注释"对话框，选择"是"，删除文字的同时会删除页面中的记事本图标，效果如图 6-7 所示。

图 6-6

图 6-7

6.1.2　标尺工具

"标尺工具" ▭ 可以测量图像中各元素之间的距离,如元素在画面中的坐标位置、宽度、高度及角度等。

单击工具箱中的"标尺工具" ▭ 按钮,调出标尺工具选项栏,位于菜单栏的下方,如图 6-8 所示。

图 6-8

各标尺工具选项的名称及功能如下所述。

X: 0.00　Y: 0.00 :标尺的坐标位置。

W: 0.00　H: 0.00 :标尺的高度和宽度。

A: 0.0° :标尺与整个画面之间的角度。

L1: 0.00　L2: :标尺的长度。

☐使用测量比例 :勾选该选项后,可以切换到以像素为单位来进行显示。

拉直 :绘制标尺后,单击该按钮,画面将按照标尺进行自动旋转。

清除 :单击该按钮,将会清除画面中所有的标尺。

1) 标尺的显示和隐藏

打开 Photoshop CS5 工作界面,执行"视图>标尺"菜单命令,可以在画布内显示或隐藏标尺,也可以通过反复按【Ctrl+R】键来显示和隐藏标尺。显示标尺效果如图 6-9 所示。

2) 标尺单位的设置

打开 Photoshop CS5 工作界面,执行"编辑>首选项>单位与标尺"菜单命令,打开"首选项"对话框,

图 6-9

从中选择需要的标尺单位,如图 6-10 所示。

图 6-10

3)标尺原点的设置

默认的标尺共两个,即水平标尺和垂直标尺,两个标尺的交点处为坐标的原点,默认的原点位于整个画布的左上角。

如果要设置新原点,用鼠标拖拉画布左上角坐标的原点不松手,然后拖拉到目标位置后松开鼠标,即可把当前的坐标原点拖拉到目标位置处,并且此时的原点数字也会发生变化,如图 6-11 所示。

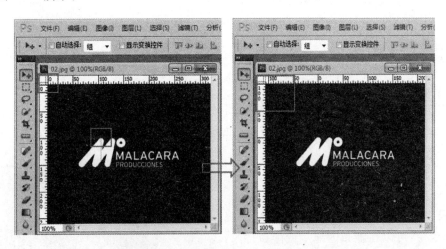

图 6-11

如果要恢复原点到默认位置,即(0,0)位置,可以通过双击画布左上角的位置来完成(矩形框内双击),如图 6-12 所示。

单独使用标尺的时候并不多,显示标尺主要是为建立参考线服务。

图 6-12

6.1.3   抓手工具

我们经常把一个画布放大到好多倍,当画布放大后,往往并不能看到我们需要查看的图像的区域,这时我们可以采用"抓手工具"🖐来实现推拉画布的功能。利用它可以帮助用户移动图像,从而方便地观看到图像的不同区域。这有点类似于窗口中的滚动条,但它比滚动条要好用,更加随意和方便。

单击工具箱中的"抓手工具"按钮🖐,调出抓手工具选项栏,位于菜单栏的下方,如图 6-13 所示。

图 6-13

各抓手工具选项的名称及功能如下所述。

☐滚动所有窗口:单击选中此选项后,当使用"抓手工具"🖐移动当前图像视图时,所有打开的图像视图都将被移动。

实际像素:单击该按钮,使当前图像的视图以 100% 的比例显示。

适合屏幕:单击该按钮,使图像正好填满可以使用的屏幕空间。

填充屏幕:单击该按钮,可以在整个屏幕范围内最大化显示完整的图像。

打印尺寸:单击该按钮,可以按照实际的打印尺寸显示图像。

"抓手工具"🖐与"缩放工具"🔍在实际使用过程中频率相当高,一般是放大一个图像后,再使用"抓手工具"将图像移动到特定区域查看图像。

【课堂制作 6.2】 抓手工具的使用

Step 01   打开"第六章\素材文件\古典面具美女.jpg"图像文件。

Step 02   在工具箱中单击"放大工具"🔍,在选项栏中选择🔍按钮,然后将光标移至图像上的任意位置单击,放大至需要的倍数,本例鼠标单击两次,将图像由 100% 放大至 300%,如图 6-14 所示。

图 6-14

Step 03 　在工具箱中单击"抓手工具" 或者按 H 键,鼠标变成 型,在图像上按下鼠标左键并拖移至其他位置即可查看该区域的图像,本例需要查看人物眼部,完成后效果如图 6-15 所示。

图 6-15

任何时候,只要按住空格键不放,鼠标会变成抓手工具,就可以像选择了抓手工具一样使用鼠标,当松开空格键时,鼠标又会变为原来形状。

6.2　编辑选区中的图像

在 Photoshop CS5 中,图像的基本编辑操作包括移动、复制和删除图像等操作。

6.2.1　选区中图像的移动

在 Photoshop 中,使用"移动工具" 可以将选区内或当前图层中的图像移到同一图像的其他位置或其他图像中。

1）在同一文件中移动图像

打开"第六章\素材\沙滩美女.psd"图像文件,本例要将图像文件中美女的位置由图像左侧移至右侧。要移动当前图层的图像,应首先利用"图层"面板选中要移动图像所在的图层,然后选择"移动工具"  ,在图像窗口中单击并拖动鼠标,到所需的位置后松开鼠标即可,如图6-16所示。

图 6-16

2）在同一文件中移动部分图像

打开"第六章\素材\MANZA.jpg"图像文件,本例要将图像文件中花纹和文字位置由图像中心移至右上侧。要移动当前图层部分区域的图像,应首先将其制作成选区,然后选择"移动工具",将鼠标移至选区内,当光标变成 状后,单击并拖动鼠标,到所需的位置后松开鼠标即可,如图6-17所示。

图 6-17

3）在不同文件中移动图像

【课堂制作6.3】 将小黄鸭移至风景画

Step 01 打开"第六章\素材\风景画.jpg"和"第六章\素材\小黄鸭.psd"图像文件,如图6-18和6-19所示。

Step 02 选择工具箱中的"移动工具" ,将图6-19中的小黄鸭移至图6-18中,如图6-20所示。

图 6-18　　　　　　　　　　　　　　图 6-19

图 6-20

6.2.2　选区中图像的复制

在 Photoshop 中有多种复制图像的方法,包括使用拖动方式、使用菜单命令、使用复制图层方式等。

1)拖动方式

选择"移动工具" ,然后按住【Alt】键,当光标呈 状时拖动鼠标,将图像移至目标位置,释放鼠标即可完成复制。

【课堂制作 6.4】　复制蝴蝶头饰(1)

<u>Step 01</u>　打开"第六章\素材\卡通小女孩.jpg"图像文件,如图 6-21 所示。

<u>Step 02</u>　制作蝴蝶头饰选区,单击工具箱中"移动工具" ,将光标移至选区中,按住【Alt】键,将图像移至目标位置,释放鼠标,复制出蝴蝶头饰图像,效果如图 6-22 所示。

2)复制图层方式

在"图层"面板中选中要复制图像所在的图层,然后将该图层拖拽到"图层"面板底部的"创建新图层"按钮上,释放鼠标后即可复制出该层的副本图层,从而复制出该图层上的图像。利用"移动工具"将复制出的图像移到其他位置。

图 6-21　　　　　　　　　　　　　图 6-22

【课堂制作 6.5】　复制蝴蝶头饰(2)

Step 01　　打开"第六章\素材\卡通小女孩.psd"图像文件，如图 6-23 所示。

图 6-23

Step 02　　在"图层"面板中选择"图层 1"，将其拖拽到"图层"面板底部的"创建新图层"
按钮上，释放鼠标，复制出该图层的副本图层"图层 1 副本"，复制出"图层 1"的蝴蝶头饰
图像，如图 6-24 所示。

图 6-24

Step 03 选择"图层 1 副本"图层，选择工具面板中"移动工具" ，将复制出的图像移至目标位置，最终效果如图 6-25 所示。

图 6-25

3）快捷键方式

在"图层"面板中，单击选中要复制的图层，然后按【Ctrl＋J】组合键复制出该图层的副本，并使用"移动工具"将复制出的图像移开后即可。使用此方法时，如果图层中有选区，则会新建一个图层并将选区内的图像复制到新图层中。

6.2.3 选区中图像的删除

在编辑图像的过程中可以对不需要的图像进行删除，删除图像的方法有很多种，可以通过对图像选区的创建，执行"编辑＞清除"菜单命令对图像进行删除，也可以通过选择需要删除的图像，按下快捷键【Delete】键，删除选区内图像。

打开"第六章\素材\紫光蝴蝶.jpg"图像文件，使用工具箱中的"魔棒工具" 选择黑色背景，然后按下快捷键【Delete】键删除黑色背景，效果如图 6-26 所示。

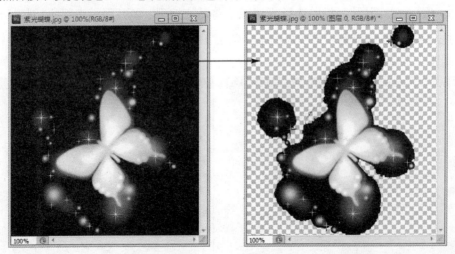

图 6-26

6.2.4　图像的变换

在编辑图像时,常常会出现图像的大小、角度、形状不符合要求的情况,我们可以通过对图像进行变换来解决这些问题。

执行"编辑＞自由变换"菜单命令,当选择区域周围创建了"自由变形"定界框后,在图像中单击鼠标右键,都会弹出一个"变换"快捷菜单,在弹出的菜单中可以选择缩放、旋转、透视、变形等多种变换命令。如图6-27所示。

图6-27

1)缩放

使用"缩放"命令可以相对于变换对象的中心点对图像进行缩放。

如果不按住任何快捷键,可以任意缩放图像,如图6-28所示。

成比例缩放:

(1)以对角为基准,按【Shift】键拖拉对角即可等比例缩放图像,如图6-29所示;

(2)以中心点为基准,按【Shift＋Alt】键拖拉对角即可以中心点为基准等比例缩放图像,如图6-30所示。

图6-28

图6-29

图6-30

2)旋转

有许多图像在处理的时候,为了更有效方便地操作,需要旋转。使用"旋转"命令可以围绕中心点转动对象,如果不按任何快捷键则可以以任意角度来旋转图像,如图6-31所示;如果按住【Shift】键,则可以以15度为单位旋转图像,如图6-32所示。

图6-31

图6-32

3)斜切

斜切不仅是将其倾斜一定的角度,它还可以把图像扭曲、伸展和变形。就好像一块橡皮泥一样,可以任意变换。它可以使选取对象在所有可能的方向上扭曲,我们只需拖动控制手柄并拖动选取区域就能够完成这种操作,完成后只需按回车键即可。

如果不按任何快捷键则可以在任意方向上倾斜图像,如图 6-33 所示;如果按住【Shift】键,则可以在垂直或水平方向上倾斜图像,如图 6-34 所示。

图 6-33

图 6-34

4)扭曲

所有的变换工具都是相似的,只是在如何变化选取区域上有一点微妙的不同。例如缩放和斜切都能够改变选取区域,但是扭曲命令不是改变图像的尺寸,而是挤压和拉伸图形。

如果不按任何快捷键则可以在任意方向上扭曲图像,如图 6-35 所示;如果按住【Shift】键,则可以在垂直或水平方向上扭曲图像,如图 6-36 所示。

图 6-35

图 6-36

5)透视

"透视"命令是 Photoshop 中最常用的命令之一。要创建近大远小效果的图像,透视工具是最合适不过的。当拖拽某个顶角处的控制手柄时,可以在水平或者垂直方向上对图像应用透视,如图 6-37 和图 6-38 所示。

图 6-37

图 6-38

6)变形

利用"变形"命令,用户可通过拖移变形网格中的控制点和控制柄来变换图像的形状,从而得到各种自然逼真的变形效果，如图 6-39 所示。此部分内容在 6.2.5 中将详细讲解。

7）水平翻转

打开"第六章\素材\喵星人.jpg"图像文件，如图 6-40 所示，在图层面板中双击"背景"图层，在弹出的"新建图层"对话框中单击"确定"按钮，将背景图层转换为普通图层，然后执行"编辑＞变换＞水平翻转"菜单命令，可以将图像在水平方向上进行翻转，如图 6-41 所示。

图 6-39

图 6-40

图 6-41

8）垂直翻转

打开"第六章\素材\喵星人.jpg"图像文件，如图 6-40 所示，在图层面板中双击"背景"图层，在弹出的"新建图层"对话框中单击"确定"按钮，将背景图层转换为普通图层，然后执行"编辑＞变换＞垂直翻转"菜单命令，可以将图像在垂直方向上进行翻转，如图 6-42 所示。

图 6-42

【课堂制作 6.6】 将照片放入相框

学习利用"缩放"和"扭曲"变换的使用方法，将人物照片放入相框。

Step 01 打开"第六章\素材\花朵相框.jpg"图像文件，如图 6-43 所示。

Step 02 执行"文件＞置入"菜单命令，弹出"置入"对话框，选择"第六章\素材\中学生.jpg"图像文件，单击"置入"按钮，如图 6-44 所示。

图 6-43   图 6-44

Step 03 执行"编辑＞变换＞缩放"菜单命令，然后按住【Shift】键的同时缩小照片，使其大小与相框相同，缩放完成后保留变换模式不变，如图 6-45 所示。

Step 04 在画布上单击鼠标右键，在弹出的快捷菜单中选择"扭曲"命令，如图 6-46 所示。

Step 05 分别调整照片上 4 个角上的控制点，使它们正好与相框的 4 个角相吻合，按【Enter】键完成变换操作，最终效果如图 6-47 所示。

图 6-45

图 6-46   

图 6-47

【课堂制作 6.7】 为建筑效果图添加室外环境效果

学习利用"透视"变换的使用方法，为建筑效果图添加室外环境效果。

Step 01 打开"第六章\素材\窗台.png"图像文件,如图 6-48 所示。

Step 02 执行"文件＞置入"菜单命令,弹出"置入"对话框,选择"第六章\素材\建筑物.jpg"图像文件,单击"置入"按钮,如图 6-49 所示。

图 6-48   图 6-49

Step 03 执行"编辑＞变换＞透视"菜单命令,向下拖拽左上角的一个控制点,使图像遮挡住左侧透明区域,然后向上拖拽右上角的一个控制点,使图像遮挡住右侧的透明区域,如图 6-50 所示,按【Enter】键确认变换。

Step 04 在"图层"面板中选择图层"17",将其放置在"图层 0"下方,并且设置其不透明度为78%,如图 6-51 所示。

图 6-50   图 6-51

Step 05 在"图层"面板中单击"创建新图层"按钮,创建一个名为"图层 1"的新图层,将其移至最底层,设置前景色为白色,按【Alt+Delete】快捷键用前景色填充图层,最终效果如图 6-52 所示。

图 6-52

9)旋转 180 度

此命令用来将当前选择区域中的图像或当前图层中的图像旋转 180 度。

10)旋转 90 度(顺时针)

此命令用来将当前选择区域中的图像或当前图层中的图像按顺时针方向旋转 90 度。

11)旋转 90 度(逆时针)

此命令用来将当前选择区域中的图像或当前图层中的图像按逆时针方向旋转 90 度。

12)自由变换

此命令的作用是在"自由变形"定界框的状态下,以手动方式调整"自由变形"定界框四周的控制点,将当前图层的图像或选择区域做任意缩放、旋转、倾斜、改变透视关系等自由变换操作。拖动控制点可以变换图像的大小、倾斜度,改变透视关系等;当将光标放在控制点附近时,鼠标光标会变成双箭头的旋转光标,这时就可以旋转"自由变换"定界框来旋转图像,并可移动中心点的位置。

如果想要更精确地控制各种变换操作,可以在选项栏中设置各种变换的参数,如图 6-53 所示。

图 6-53

各"自由变换"选项名称及功能如下所述。

▦:参考点位置:使用参考点相关定位。

X: 300.00 px :设置参考点的水平位置,此参数值可以控制 X 轴位移量。

Y: 386.00 px :设置参考点的垂直位置,此参数值可以控制 Y 轴位移量。

△：使用参考点相关定位按钮，当按下此按钮时以原图形的参考点为(0,0)原点坐标的相对位移量，否则以画布的左上角为(0,0)原点坐标的绝对位移量。

W: 100.00% ：设置水平缩放比例，此参数可以控制水平缩放的百分比。

H: 100.00% ：设置垂直缩放比例，此参数可以控制垂直缩放的百分比。

⑧：保持长宽比按钮，按下此按钮时长宽缩放的比例是相同的。

△ 0.00 度：设置旋转，此参数值可以控制旋转的角度。

H: 0.00 度：设置水平斜切，此参数值可以控制 X 轴的倾斜角度。

V: 0.00 度：设置垂直斜切，此参数值可以控制 Y 轴的倾斜角度。

⑧：按下此按钮可在自由变换和变形模式之间进行切换。

⊘：按下此按钮取消变换操作。

✔：按下此按钮进行变换操作。

这些参数在"变换"命令菜单的各个子菜单中也可同时使用。

【课堂制作 6.8】 利用自由变换工具制作图片折叠效果

Step 01 打开"第六章\素材\水中艺术照.psd"图像文件，如图 6-54 所示。

Step 02 选择工具箱中"矩形选框工具"，选取图片左侧部分创建一个矩形区域，约占整幅图片三分之一，如图 6-55 所示。

图 6-54

图 6-55

Step 03 执行"编辑＞自由变换"菜单命令，在定界框内单击鼠标右键，在弹出的快捷菜单中选择"斜切"命令，拖拉选区的左边，出现斜切效果，如图 6-56 所示，按【Enter】键确认。

图 6-56

图 6-57

Step 04 在"图层"面板上单击"创建新图层"按钮 ⬚ ，新建图层"图层 1"，然后单击工具箱中"默认前景色和背景色"按钮，恢复前景色和背景色的默认设置，接着选择工具箱中的"渐变工具"，在选项工具栏中选择"从前景色到背景色渐变"，在"图层 1"上从左至右拖出黑白渐变效果，按【Ctrl＋D】键取消选择，如图 6-57 所示。

Step 05 在"图层"面板上设置"图层 1"的混合模式为"柔光"，不透明度为"50％"，如图 6-58 所示。按【Ctrl＋E】键向下合并图层。

Step 06 选择工具箱中"矩形选框"工具，选取图片中间部分创建一个矩形区域，约占整幅图片的三分之一，执行"编辑＞自由变换"菜单命令，在定界框内单击鼠标右键，在弹出的快捷菜单中选择"斜切"命令，拖拉选区的右边，出现斜切效果，如图 6-59 所示，按【Enter】键确认。

图 6-58

图 6-59

Step 07 在"图层"面板上单击"创建新图层"按钮，新建图层"图层 2"，然后单击工具箱中"默认前景色和背景色"按钮，恢复前景色和背景色的默认设置，接着选择工具箱中的"渐变工具"，在选项工具栏中选择"从前景色到背景色渐变"，在"图层 2"上从左至右拖出黑白渐变效果。在"图层"面板上设置"图层 2"的混合模式为"柔光"，不透明度为"50％"，如图 6-60 所示。按【Ctrl＋E】键向下合并图层。

Step 08 第三部分的效果与前面两部分的效果制作方法相同，按【Ctrl＋E】键向下合并图层。执行"图层＞图层样式＞投影"菜单命令，设置图层的图层样式，设置参数可自行决定，最终效果如图 6-61 所示。

图 6-60

图 6-61

13）内容识别比例

"内容识别比例"缩放可以在不更改重要可视内容（人物、建筑、动物）的情况下调整图像大小。常规缩放在调整图像大小时会影响所有像素，而"内容识别比例"主要影响的是非重要内容区域中的像素。

使用"内容识别比例"命令后，将出现如图 6-62 所示的选项栏。

图 6-62

各"内容识别比例"选项名称及功能如下所述：

参考点位置 ：单击其他的白色方块，可以指定缩放图像时要围绕的固定点，在默认情况下，参考点位于图像的中心。

使用参考点相对定位 △：单击该按钮，可以指定相对于当前参考点位置的新参考点位置。

X/Y：设置参考点的水平/垂直位置。

W/H：设置图像按原始大小的水平/垂直缩放百分比。

数量：设置内容识别缩放与常规缩放的比例，一般情况下，都应该将其设置为 100%。

保护：选择要保护的区域的 Alpha 通道。

"保护肤色" 按钮：激活该按钮后，在缩放图像时，可以保护人物的肤色区域。

【课堂制作 6.9】 利用"内容识别比例"缩放图像

Step 01 打开"第六章\素材\梦幻发型.jpg"图像文件，如图 6-63 所示。

Step 02 在"图层"面板中双击"背景"图层，在弹出的"新建图层"对话框中单击"确定"按钮，将背景图层转换为普通图层"图层 0"。执行"编辑＞内容识别比例"菜单命令，进入内容识别缩放状态，然后向左拖拽定界框右侧中间位置的控制点，如图 6-64 所示，此时可以看到人物几乎没有发生任何变形。

图 6-63

图 6-64

Step 03 单击【Enter】键确认变换，如图 6-65 所示。利用常规缩放方法来缩放这张图像，效果如图 6-66 所示，可以看到人物发生了变形。

图 6-65   图 6-66

6.2.5　图像的变形

使用"变形"命令可以对图像进行更为灵活和细致的变形操作。

执行"编辑＞变换＞变形"菜单命令即可调出变形网格,同时工具栏选项栏变为如图 6-67 所示。

图 6-67

各"变形"选项名称及功能如下所述。

变形: 自定 ▼ :在该下拉菜单中可以选择 15 种预设的变形选项,如果选择自定的选项则可以随意对图像进行变形操作。

更改变形方向按钮 ⬚ ,单击该按钮可以在不同的变形方向改变图像。

弯曲:0.0 % :在此输入正数或者负数,可以调整图像的扭曲程度。

H:0.0 % V:0.0 % :在此输入数值可以控制图像扭曲时在水平和垂直方向上的比例。

在调出变形网格后,可以采用两种方法对图像进行变形操作。

(1) 直接在图像内部、节点或控制点上拖动,直至将图像变形为所需要的效果。

(2) 在工具选项栏上的"变形"下拉菜单中选择适当的形状进行变形。

【课堂制作 6.10】　利用变形工具制作烟雾特效

Step 01　新建文件,参数如图 6-68 所示。

Step 02　设置前景色为"♯f786ee",背景色为"♯53cbf3",选择工具箱中"渐变工具",在"渐变工具"选项栏中单击"点按可编辑渐变"按钮,选择"前景色到背景色渐变",在画布上由左下角向右上角拖拉鼠标,完成后效果如图 6-69 所示。

Step 03　在"图层"面板上单击"创建新图层"按钮,新建"图层 1"。将前景色设置为白色,选择工具箱中的"画笔工具",设置"画笔"参数如图 6-70 所示。

图 6-68　　　　　　　　　　　　　　　　　　　图 6-69

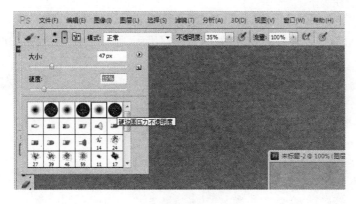

图 6-70

Step 04　在画布上随意涂一块白色,如图 6-71 所示。

Step 05　执行"编辑>变换>变形"菜单命令,随意拖动各个点变形,变形程度越夸张越好,如图 6-72 所示,按【Enter】键确认。完成后效果如图 6-73 所示。

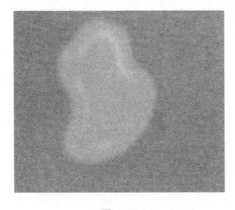

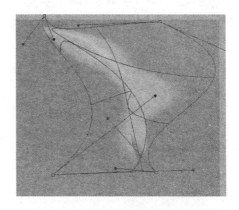

图 6-71　　　　　　　　　　　　　　　　　　　图 6-72

Step 06　隐藏"图层 1",新建"图层 2",继续随便涂白色,然后按"Step 05"操作步骤执行,变形后得到另一种效果,如图 6-74 所示。

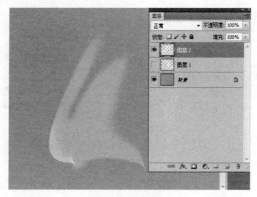

图 6-73   图 6-74

Step 07 隐藏"图层 1""图层 2",新建"图层 3",继续随便涂白色,然后按"Step 05"操作步骤执行,变形后得到另一种效果,如图 6-75 所示。显示各图层,效果如图 6-76 所示。

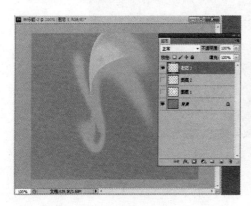

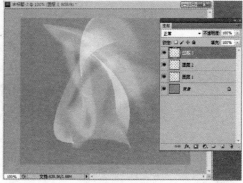

图 6-75   图 6-76

Step 08 选择"图层 1",执行"图层>图层样式>渐变叠加"菜单命令,在"图层样式"对话框中单击"点按可编辑渐变"按钮,打开"渐变编辑器"对话框,选择"前景色到透明渐变",如图 6-77 所示,单击"确定"按钮返回"图层样式"对话框,单击"确定"按钮完成"渐变叠加"。

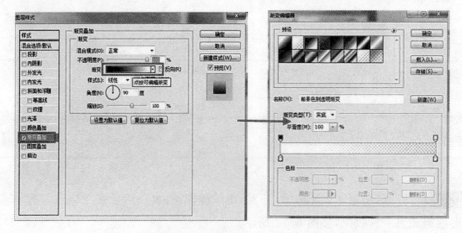

图 6-77

Step 09 为"图层 2"和"图层 3"添加图层样式"渐变叠加",操作步骤同"Step 08",完成后,最终效果如图 6-78。

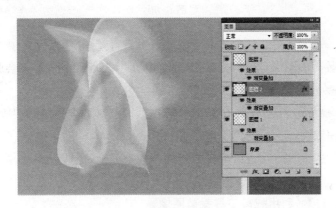

图 6-78

6.3 图像的裁剪与裁切

当使用数码相机拍摄照片或将老照片进行扫描时,经常需要裁剪掉多余的部分,使画面看起来更加完美。裁剪图像主要使用"裁剪工具"和"裁切命令"来完成。

6.3.1 图像的裁剪

裁剪是指移去部分图像,以突出或加强构图效果的过程。使用"裁剪工具" 🔲 裁剪图像,也是改变图像画布尺寸的常用方法,此方法比使用"画布大小"命令的方法更简单,使用方法更随意,操作也更灵活。选择"裁剪工具" 🔲 后,在画面中拖拽出一个矩形区域,选择要保留的部分,然后按【Enter】键或双击鼠标左键即可完成裁剪。

在工具箱中单击"裁剪工具"按钮 🔲,调出其选项栏,如图 6-79 所示。

图 6-79

各"裁剪工具"选项名称及功能如下所述。

宽度: :输入裁剪图像的宽度来确定裁剪后图像的宽度。

高度: :输入裁剪图像的高度来确定裁剪后图像的高度。

⇄ :单击此按钮,宽度和高度互换。

分辨率: 像素/... ▼ :输入裁剪图像的分辨率来确定裁剪后图像的分辨率。

前面的图像 :单击该按钮,可以在"宽度""高度"和"分辨率"输入框中显示当前图像的尺寸和分辨率。如果同时打开了两个文件,会显示另外一个图像的尺寸和分辨率。

清除 :单击该按钮,可以清除上次操作时设置的"宽度""高度"和"分辨率"数值。

创建裁剪区域后,"裁剪工具"选项栏发生了变化,变为如图 6-80 所示。

各"裁剪工具"选项名称及功能如下所述。

图 6-80

[裁剪区域 ⊙删除 ○隐藏]：当文件包含多个图层或者没有背景图层时，此选项才可用。选择"删除"选项，代表被裁剪的图像；选择"隐藏"选项，可以调整画布大小，但不会删除图像。

[裁剪参考线叠加：三等分 ▼]：选择裁剪时显示的参考线。

[✓屏蔽 颜色：■ 不透明度：75% ▸]：勾选"屏蔽"选项，被裁剪的区域会被"颜色"选项中设置的颜色所屏蔽掉；关闭"屏蔽"选项，会显示全部的图像。

[☐透视]：勾选"透视"选项，可以旋转或扭曲裁剪定界框，裁剪完成后，可以对图像应用透视变换。

【课堂制作 6.11】 利用裁剪工具裁剪图像

Step 01　打开"第六章\素材\空中小岛.jpg"图像文件，如图 6-81 所示。

Step 02　在工具箱中单击"裁剪工具" 图，然后在图像上拖拽出一个矩形的定界框，如图 6-82 所示。

图 6-81

图 6-82

Step 03　为了突出图像中的小岛，将光标置于定界框中，然后拖移鼠标，将裁剪框移动到合适位置，拖拽定界框上的控制点调整定界框到合适大小，如图 6-83 所示。

Step 04　确定裁剪区域后，按【Enter】键，完成裁剪操作，效果如图 6-84 所示。

图 6-83

图 6-84

6.3.2 图像的裁切

"裁切"命令的作用是将用"矩形选框工具"所选取的范围裁切下来。裁切命令不改变图像的分辨率,也不需要进行重新采样,它只是把图像中不需要的边缘部分剪切出去,而不影响图像的其他部分。

使用"裁切"命令可以基于像素的颜色来裁剪图像。执行"图像＞裁切"菜单命令,弹出"裁切"对话框,如图 6-85 所示。

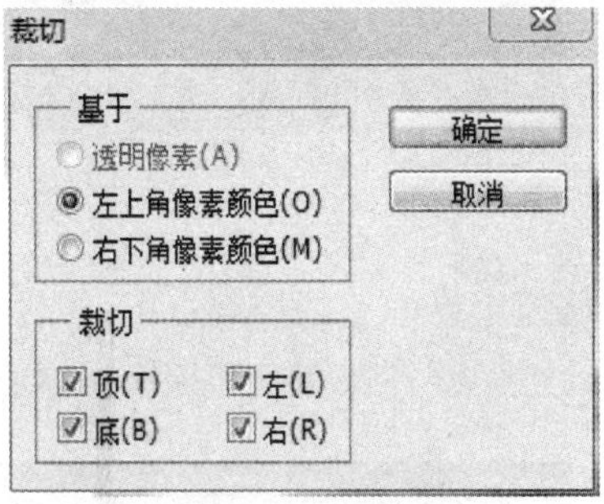

"裁切"对话框重要选项说明如下:

透明像素:可以裁剪掉图像边缘的透明区域,保留非透明像素区域的图像。该选项只有图像中存在透明区域时才可用。

左上角像素颜色:从图像中删除左上角像素颜色的区域。

右下角像素颜色:从图像中删除右下角图像颜色的区域。

顶/左/底/右:设置修正图像区域的方式。

图 6-85

【课堂制作 6.12】 利用"裁切"命令裁剪图像

Step 01　打开"第六章\素材\小黑板相框.jpg"图像文件,如图 6-86 所示。

Step 02　执行"图像＞裁切"菜单命令,弹出"裁切"对话框,按图 6-85 所示设置"裁切"对话框中各选项,单击"确定"按钮,最终效果如图 6-87 所示。

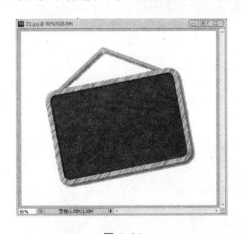

图 6-86

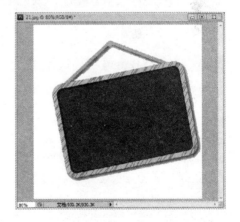

图 6-87

【课堂制作 6.13】 变形图像

Step 01　打开"第六章\素材\热气球.jpg"和"第六章\素材\蓝色蝴蝶.jpg"图像文件,如图 6-88 所示。

Step 02　选择"移动工具",将蝴蝶图像拖拽至热气球的图像编辑窗口中,生成"图层1",如图 6-89 所示。

Step 03　选择"图层 1",执行"编辑＞变换＞变形"菜单命令,调出定界框,将鼠标指针

图 6-88

移至定界框上的控制点上，按住鼠标左键并拖拽，此时图像菜单命令随之进行相应的变形。通过调整各控制点和控制柄，使图像进行合理的变形，如图 6-90 所示。

图 6-89　　　　　　　　　　　　　　　图 6-90

Step 04 　按【Enter】键确认，完成变形图像操作。

Step 05 　在"图层"面板中设置"图层 1"的混合模式为"色相"，如图 6-91 所示，最终效果如图 6-92 所示。

图 6-91　　　　　　　　　　　　　　　图 6-92

【课堂制作 6.14】　为花瓶添加花纹

Step 01 　打开"第六章\素材\花纹.jpg"图像文件，如图 6-93 所示。用"魔棒工具"选

择花纹的黑色背景,执行"选择>选取相似"菜单命令,再执行"选择>反向"菜单命令,按
【Ctrl+C】快捷键复制花纹。

图 6-93　　　　　　　　　　　　　　　　　图 6-94

Step 02　打开"第六章\素材\花瓶.jpg"图像文件,如图 6-94 所示。按【Ctrl+V】快
捷键粘贴花纹,生成"图层 1",用"移动工具"把花纹移到合适位置,如图 6-95 所示。

图 6-95　　　　　　　　　　　　　　　　　图 6-96

Step 03　执行"编辑>变换>变形"菜单命令,然后调整各个支点,使花纹的形状与花
瓶的颈部吻合,如图 6-96 所示,按【Enter】键确认变换。

Step 04　隐藏"图层 1",选择背景图层,用"磁性套索工具"选择花瓶的上部,如图 6-97
所示,执行"选择>反向"菜单命令。再单击"图层 1",按【Delete】快捷键删除花瓶外的花
纹。图层混合模式为"正片叠底",效果如图 6-98 所示。

图 6-97　　　　　　　　　　　　　　　　　图 6-98

Step 05　用同样的方法为花瓶中部和底部添加花纹,如图 6-99 所示。

Step 06　打开"第六章\素材\牡丹.jpg"图像文件,执行"选择>全选"菜单命令,用"移
动工具"把牡丹移到花瓶中,执行"编辑>变换>缩放"菜单命令,调整大小和位置,按

【Enter】键确定,如图 6-100 所示。

图 6-99

图 6-100

Step 07 执行"编辑＞变换＞变形"菜单命令,然后调整各个支点,调整图案的形状与花瓶的瓶身相似,如图 6-101 所示。

图 6-101

图 6-102

Step 08 按【Enter】键确认变换,图层混合模式为"正片叠底",效果如图 6-102 所示。

Step 09 使用"魔棒工具"选择图案中多余的颜色,执行"选择＞修改＞羽化"菜单命令,设置"羽化半径"为 2 像素,并按下【Delete】键清除多余的图案,按【Ctrl＋D】快捷键取消选择,最后效果如图 6-103 所示。

图 6-103

7 形状工具与路径

本章主要针对绘制形状和路径的相关工具的应用进行介绍。重点从路径面板入手，以路径的绘制工具、路径的选择以及路径相关编辑操作三个方面的内容对本章知识进行铺展。通过本章的学习后，能使用形状工具与路径对相应图像进行创建与编辑。

课堂学习目标

掌握形状工具的基本使用方法

掌握各路径的基本操作方法

掌握路径的应用

7.1 形状工具

使用形状工具可以快速绘制出矩形、圆形、多边形、直线及自定义的形状。值得一提的是，Photoshop CS5 增加了很多自定义的形状，利用它能得到更加丰富的图像效果。

7.1.1 形状工具模式的选择

单击工具箱中的"钢笔工具" ✍ 或"矩形工具" ▢ 时，调出形状工具模式选项栏 ▢ ✍ ▢，位于菜单栏的下方。形状工具在绘制时有 3 种模式可供选择，分别为形状图层 ▢（系统默认）、路径 ✍、填充像素 ▢，应用这些不同的模式所绘制出来的对象性质也不同，详述如下：

1）创建形状图层

在选项栏中单击"形状图层"按钮 ▢，再选择一种形状，拖动鼠标即可绘制一个形状图层，如图 7-1 所示。形状图层包含填充区域和矢量蒙版两个部分，填充区域决定了矢量蒙版的颜色和不透明度等，而矢量蒙版则决定了填充区域的显示区域和隐藏区域。矢量蒙版其实就是路径，它保留在"路径"面板中，如图 7-2 所示。

2）创建工作路径

在选项栏中单击"路径"按钮 ✍，再选择一种形状，拖动鼠标即可绘制出路径（没有填充），工作路径不会出现在"图层"面板中，如图 7-3 所示，而出现在"路径"面板中，如图 7-4 所示。

3）创建填充图形

在选项栏中单击"填充像素"按钮 ▢，再选择一种形状，设置好前景色，拖动鼠标即可绘制以前景色填充的位图图像，这种绘图模式不能创建矢量图像，因此在"路径"面板也不会出现路径。

图 7-1

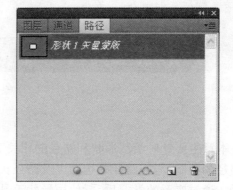

图 7-2

图 7-3

图 7-4

7.1.2　绘制规则图形

单击"形状图层"按钮 ▢，依次单击选项栏中的各种形状按钮 ▢ ▢ ◯ ⬡ ╱，即可绘制矩形、圆角矩形、椭圆、多边形和直线。

1）矩形工具

使用"矩形工具" ▢ 可以绘制任意方形或具有固定长宽的矩形形状。其使用方法是单击"矩形工具" ▢，拖动绘制出矩形形状，如图 7-5 所示。在绘制过程中按住【Shift】键的同时拖动鼠标，绘制的则为正方形。

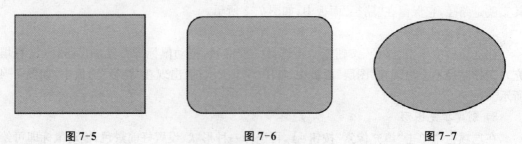

图 7-5　　　　　　　　　　图 7-6　　　　　　　　　　图 7-7

2）圆角矩形工具

使用"圆角矩形工具" ⬭ 能绘制出带有一定圆角弧度的矩形,这个工具是对矩形工具的补充,使用方法与矩形工具相同,不同的是,单击"圆角矩形工具" ⬭ ,在选项栏中会出现"半径"文本框,在其中输入的数值越大,圆角的弧度也越大,如图7-6所示。

3）椭圆工具

使用"椭圆工具" ⬭ 可以绘制椭圆形和正圆形。其方法是单击"椭圆工具" ⬭ ,然后单击并拖动鼠标即可绘制出椭圆,如图7-7所示。而在绘制过程中按住【Shift】键的同时拖动鼠标,绘制的则为正圆形。

4）多边形工具

使用"多边形工具" ⬡ 可以绘制具有不同边数的多边形和星形,其操作方法是单击"多边形按钮" ⬡ ,然后在"边"文本框中输入需要的边数,单击并拖动鼠标即可绘制相应的多边形,如图7-8为绘制的五边形效果。

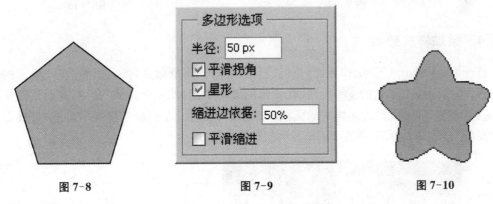

图7-8   图7-9   图7-10

在多边形工具的属性栏中单击"几何选项"下拉按钮 ✿▾ ,在弹出的如图7-9所示的面板中勾选相应的复选框,可对平滑拐角、星形和平滑缩进进行参数设置,使绘制的多边形效果更多变,如图7-10所示。

5）直线工具

使用"直线工具" ╱ 可快速绘制出任意角度的直线图像。单击"直线工具" ╱ ,在其选项栏的"粗细"文本框中输入相应的数值即可定义直线的宽度。而单击"几何选项"下拉按钮 ✿▾ ,在弹出的如图7-11所示面板中勾选相应的复选框,可定义直线的起点和终点,同时也能对宽度、长度以及凹度进行设置,从而让直线形状更多变。

图7-11

7.1.3 绘制自定义图形

单击"形状工具"选项栏中的"自定形状工具" ✿ ,该工具栏将显示形状设置栏,单击 形状: 按钮右侧的下三角按钮 ▾ ,会出现如图7-12所示的形状面板,这里存储着可供选择的形状。

单击形状面板右上侧的小圆圈 ▸ 按钮,在弹出的下拉菜单中单击"全部"命令,在弹出的对话框,单击"追加"按钮,即可在形状面板中追加当前存储的全部形状。

若要绘制一个蝴蝶图形,在图 7-12 所示的形状面板上查找蝴蝶形状并单击,拖动鼠标即可绘制出如图 7-13 所示的蝴蝶图形。

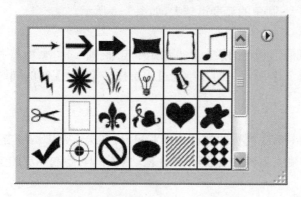

图 7-12   图 7-13

7.1.4 添加样式效果

打开 Photoshop CS5 工作界面,执行"窗口>样式"菜单命令,弹出如图 7-14 所示的样式面板,单击面板右上角的 按钮,在弹出的菜单中选择"web 样式"命令,在对话框中选择"追加"按钮,即可得到更多样式的面板。选中蝴蝶形状,在追加的样式中单击"带投影的紫色凝胶"样式,即可得到如图 7-15 所示的蝴蝶效果。

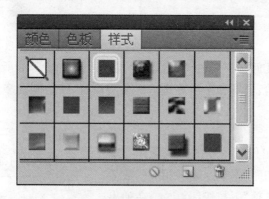

图 7-14   图 7-15

【课堂制作 7.1】 为照片添加相框

Step 01 打开"第七章\素材\少女.jpg"图像文件。

Step 02 在形状工具选项栏中单击"形状工具" ,在如图 7-12 所示的形状面板上查找"边框 3"形状并单击,拖动鼠标即可绘制出如图 7-16 所示的边框。

Step 03 执行"窗口>样式"菜单命令,弹出如图 7-14 所示的样式面板,选择"日落天空"(文字)样式,效果如图 7-17 所示。

Step 04 在"图层"面板中选择"背景"层,单击工具箱中的"矩形选框工具" ,创建如图 7-18 所示的选区,执行"选择>反向"菜单命令,再执行"编辑>清除"菜单命令,将相框以外的图像删除。最后按【Ctrl＋D】取消选择，效果如图 7-19 所示。

图 7-16

图 7-17

图 7-18

图 7-19

7.2　路径面板及绘制路径

　　选择形状工具，在选项栏中单击"路径"按钮 就可以绘制路径。路径在屏幕上显示为一些不可打印、不活动的矢量形状，使用路径可以进行精确定位和调整，同时还能创建出不规则以及复杂的选区。路径还可以理解为锚点和连接锚点组成的线段或曲线，路径上的每个锚点包含两个控制柄。拖动控制柄可以调整锚点及前后线段的曲度，使路径能匹配图像边界，让路径的调整更自由，如图 7-20 所示。

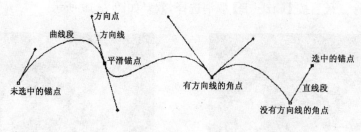

图 7-20

7.2.1 路径面板

在工作界面中,执行"窗口>路径"菜单命令,即可显示"路径"面板。在绘制路径后,"路径"面板生成工作路径,如图 7-21 所示。

在"路径"面板中,可以进行路径的新建、保存、复制、填充以及描边等操作,下面对其面板中的选项进行详细介绍。

(1)路径缩略图和路径层名:用于显示路径的大致形状和路径名称。双击路径名称,使其呈反色显示后,即可为该路径层重命名。

(2)"用前景色填充路径"按钮 :单击该按钮,将使用前景色填充当前路径。

图 7-21

(3)"用画笔描边路径"按钮 :单击该按钮,可用画笔工具用前景色为当前路径描边。

(4)"将路径作为选区载入"按钮 :单击该按钮,可将当前路径转换为选区,此时还可对选区进行其他编辑操作。

(5)"从选区生成工作路径"按钮 :单击该按钮,可将当前选区转换为路径。

(6)"创建新路径"按钮 :单击该按钮,即可创建新的路径。此时的路径会自动以"路径+自然数"的形式出现。

(7)"删除当前路径"按钮 :单击该按钮,可删除当前所选中的路径。

7.2.2 路径的创建

创建新路径通常有两种方法:一种是直接绘制路径,即可在"路径"面板中生成工作路径,如图 7-22 所示;另一种是通过单击"路径"面板底部的"创建新路径"按钮 创建一个新的路径。此时,路径的名称默认为"路径 1",如图 7-23 所示。

值得注意的是,除了前面介绍的两种方法外,创建路径还有一种方法。在"路径"面板中单击右上角的 按钮,在弹出的菜单中选择"新建路径"命令,弹出"新建路径"对话框。在其中可设置新建路径的名称,完成后单击"确定"按钮即可,此时为"路径 2",如图 7-24 所示。默认情况下,若继续新建路径,其名称则会以"路径+逐渐递增的自然数"的形式出现,且依次排列在"路径 1"的下方。

图 7-22

图 7-23

图 7-24

7.2.3　使用钢笔工具绘制路径

"钢笔工具" ![pen] 是一种矢量绘图工具,使用它可以精确地绘制出直线或平滑的曲线。打开"第七章\素材\彩椒.jpg"图像文件,单击"钢笔工具" ![pen],将鼠标光标移动到图像中,当光标变为 ![cursor] 形状时单击,即可创建路径起点。此时在图像中出现一个锚点,沿图像中需要创建路径的图案的轮廓单击并按住鼠标不放向外拖动,让曲线贴近图像边缘,如图 7-25 所示。继续使用相同的方法在图像轮廓边缘创建锚点,当终点与创建的路径起点相连接时路径自动闭合,创建出路径,如图 7-26 所示。

图 7-25

图 7-26

7.2.4　使用自由钢笔工具绘制路径

使用"自由钢笔工具" ![pen],拖动鼠标绘制任意形状的路径,此时创建的路径比较自由。"自由钢笔工具" ![pen] 类似于"套索工具" ![lasso],不同的是,套索工具绘制的是选区,自由钢笔工具绘制的是路径。

使用"自由钢笔工具" ![pen] 绘制路径的方法比较简单,打开"第七章\素材\咖啡.jpg"图像文件后,单击"自由钢笔工具" ![pen],在需要创建路径的图像上单击并拖动鼠标,此时鼠标是保持单击按下后的状态。在拖动鼠标时沿图像边缘绘制出路径,当绘制路径终点与起点重叠时,光标的形状会发生变化,此时单击即可绘制出闭合的路径,如图 7-27 所示。使用"自由钢笔工具" ![pen] 绘制的路径比较自由,由于受拖动时鼠标的影响,创建的路径不那么规则。

图 7-27   图 7-28

"自由钢笔工具" 的选项栏中出现了 ☑ **磁性的** 复选框。勾选复选框,此时的自由钢笔工具在功能上类似于磁性套索工具。在图像中单击后拖动鼠标,会随光标的移动沿自动识别的相同或相似的边缘产生一系列的锚点,此时创建的路径会自动吸附图像的轮廓边缘,创建的路径比较光滑,如图 7-28 所示。

7.2.5 使用形状工具绘制路径

使用形状工具可以方便地调整图形的形状,方法是在属性栏中单击"路径"按钮 📐 ,可以创建出多种如矩形、圆角矩形、椭圆、多边形、直线以及自定义形状等规则或不规则的路径。

7.3 路径的选择与基本操作

在 Photoshop 中,通过工具绘制路径后若要对路径进行编辑,则首先需要掌握选择路径的方法。单击"路径选择工具" ▶ 或"直接选择工具" ▷ 都可以选择路径,下面分别进行介绍。

7.3.1 路径选择工具

"路径选择工具" ▶ 可以用于选择一个或多个路径。在绘制路径后,单击"路径选择工具" ▶ ,或在输入法为英文的状态下按下 A 键也可选择路径选择工具。在绘制的路径上单击,此时在图像中可看到路径中的众多锚点,如图 7-29 所示。选择路径后拖动鼠标即可对路径进行移动。

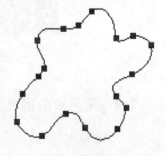

图 7-29

7.3.2 直接选择工具

路径是由锚点和连接锚点的线段或曲线构成的,每个锚点包含了两个控制柄。在创建路径后,这些绘制的锚点和控制柄被隐藏,并不能被直接看到,包括使用路径选择工具也只能在路径上看到锚点的位置。若要清楚地在路径上显示出锚点及其控制柄,可使用"直接选择工具" ▷ ,在路径上单击,即可显示出路径锚点和控制柄,如图 7-30 所示。此时还可以通过拖动这些锚点来改变路径的形状,如图 7-31 所示。

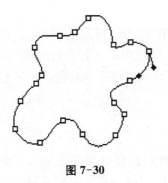

图 7-30

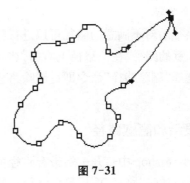

图 7-31

7.3.3　路径的复制与删除

创建路径后可对路径进行复制或删除,一般来说,复制路径可以将路径复制在不同路径组,也可以复制在同一路径组,下面分别进行介绍。

1) 在同一路径组中复制路径

单击"路径选择工具" 或"直接选择工具" 选择要复制的路径,如图 7-32 所示,按住【Alt】键,此时光标变为 形状,拖动路径即可复制出新的路径。此时,在"路径"面板中可以看到两个路径位于同一个路径组中,如图 7-33 所示。值得注意的是,按住【Alt】键的同时按住【Shift】键并拖动路径,复制出的路径与原路径成水平、垂直或 45°的效果。

图 7-32

图 7-33

2) 在不同路径组中复制路径

在"路径"面板下点击"新建路径"按钮 ,创建"路径 1",绘制小鸟如图 7-34 所示。右击"路径 1",或在"路径"面板中单击右上角的 按钮,在弹出的菜单中选择"复制路径"命令,在对话框中设置名称,单击"确定"按钮。此时在"路径"面板中可以看到,复制出"路径 1副本",如图 7-35 所示。

图 7-34

图 7-35

3）删除路径

绘制路径后对不满意的路径可以进行删除，使用"路径选择工具" ► 或"直接选择工具" ► 选择不满意的路径，在该路径上右击，或在"路径"面板中单击右上角的 ▼ 按钮，在弹出的菜单中选择"删除路径"命令即可删除路径。还可以选择相应的路径后按下【Delete】键，将其删除。

7.3.4　显示和隐藏路径

当在 Photoshop 中打开一幅带有路径的图像，此时路径效果并未显示在图像中，可以使用快捷键或通过"路径"面板显示路径。按下【Ctrl＋H】快捷键可以显示路径，再次按下【Ctrl＋H】快捷键可以隐藏路径。另外，在"路径"面板中选择路径，即可显示相应路径，单击"路径"面板空白处，即可隐藏路径。

7.3.5　保存工作路径

绘制路径如图 7-36 所示，此时会将绘制的路径默认为当前的工作路径。当将工作路径转换为选区并做其他相关操作后，再次绘制路径时，则当前绘制的路径会自动覆盖前面的路径。

保存工作路径的方法是，在"路径"面板中单击右上角的 ▼ 按钮，在弹出的菜单中选择"存储路径"命令，在弹出的对话框中设置名称后单击"确定"按钮即可。如图 7-37 所示为保存工作路径后的"路径"面板效果。保存后的路径能随时调用，不会被后面绘制的路径覆盖。

图 7-36

图 7-37

7.3.6　通过锚点编辑路径

在 Photoshop 中创建路径后，还可对路径进行调整，使用锚点编辑工具可以快速改变路径的形状，锚点编辑工具包括"添加锚点工具" ►、"删除锚点工具" ► 以及"转换点工具" ►。下面分别对这些工具进行详细的介绍。

1）添加锚点

使用"添加锚点工具" ►，可以在已有路径上添加锚点，通过添加锚点并移动锚点位置或拖动锚点控制柄的方法改变路径形状。添加锚点工具的具体使用方法是，使用"钢笔工具" ► 绘制路径后，单击"路径选择工具" ►，在绘制的路径上单击显示出锚点，如图 7-38 所示。此时可以在工具箱中单击"添加锚点工具" ►，将鼠标光标移动到要添加锚点的路径上,当光标变为 形状时,在需要改变路径的位置单击即可添加锚点,如图7-39所示。添加的锚点以实心显示,此时拖动该锚点可以改变路径的形状。

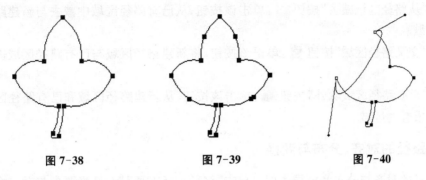

图7-38　　　　　　图7-39　　　　　　图7-40

2）删除锚点

"删除锚点工具" 的功能与"添加锚点工具" 相反,主要用于删除不需要的锚点。在工具箱中单击"删除锚点工具" ,将鼠标光标移动到要删除的锚点上,此时光标变为 形状,单击鼠标即可删除该锚点。删除锚点后,路径的形状也会发生相应的变化,如图7-40所示。

3）锚点的转换

使用"转换点工具" 可以将路径的锚点在尖角和平滑之间进行转换。其方法是选择路径,如图7-41所示,单击"转换点工具" ,将鼠标光标移动到需要转换的锚点上,此时按住鼠标左键不放并拖动,会出现锚点的控制柄,拖动控制柄即可调整曲线的形状,如图7-42所示。

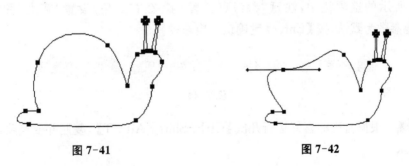

图7-41　　　　　　　　　　　图7-42

7.4　路径的高级操作

7.4.1　路径运算

路径运算指的是子路径之间的运算,在创建路径时,可以根据实际需要,利用选项栏上的 、 、 、 按钮对先后创建的路径进行运算,如图7-43所示,各按钮作用如下:

图7-43

（1）"添加到路径区域"按钮 ：单击该按钮，将新建的路径区域添加到已有的路径区域中。

（2）"从路径区域减去"按钮 ：单击该按钮，从已有路径区域中减去与新建路径区域重叠的区域。

（3）"交叉路径区域"按钮 ：单击该按钮，将新建路径区域与已有路径区域进行交集运算。

（4）"重叠路径区域除外"按钮 ：单击该按钮，从新建路径区域和已有路径区域的并集中排除重叠的区域。

7.4.2　路径的对齐、分布与变换

子路径的对齐与分布和图层类似。单击"路径选择工具" ，选择要参与对齐或分布操作的子路径，只需单击选项栏的对齐按钮 或分布按钮 中的相关图标。

路径的变换与图层或选区的变换类似。单击"路径选择工具" ，选择要进行变换的路径或子路径。执行"编辑＞自由变换路径"菜单命令或"编辑＞变换路径"菜单下的一组命令进行相应的变换。

【课堂制作 7.2】　创建线性图形

Step 01　建立一个 800 像素×600 像素的文件。

Step 02　切换到"路径"面板，单击"椭圆工具" ，在选项栏中选择"路径" ，按【Shift】键画一个正圆。执行"编辑＞自由变换路径"菜单命令或按【Ctrl＋T】快捷键。在如图 7-44 所示的选项栏中，注意"参考点位置" 在右上角，设置"宽度"和"高度"为 120％，其他参数为默认，按【Enter】键确认变换路径。

图 7-44

Step 03　根据自己的喜好运行几次【Ctrl＋Shift＋Alt＋T】，复制并变换路径，效果如图 7-45 所示。

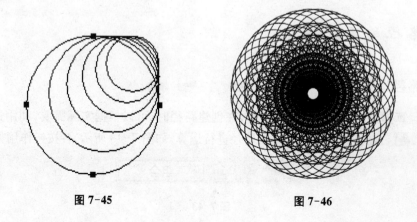

图 7-45　　　　　　　　　　　图 7-46

Step 04 选择所有的路径,再执行"编辑＞自由变换路径"菜单命令或按【Ctrl＋T】快捷键,在选项栏中同样要注意调整"参考点位置" 在右上角,设置"旋转角度" 为 10.00 度,其他参数为默认,按【Enter】键确认,路径旋转了 10 度。

Step 05 再多次运行【Ctrl＋Shift＋Alt＋T】变换,最后形成一个圆形图案。选择所有的路径,单击工具箱中的"画笔工具" ,设置大小为 3 像素,颜色为黑色,单击"路径"面板下方的"用画笔描边路径"按钮 ,描边后隐藏路径,最后效果如图 7-46 所示。

7.4.3 填充路径

填充路径是指使用颜色或图案对图像中的路径区域进行填充,使用"填充路径"命令可以为路径填充前景色、背景色或其他颜色,同时还能快速为图像填充图案。若路径为线条,则会按"路径"面板中显示的选区范围进行填充。

单击"路径"面板底部的"用前景色填充路径"按钮 ,也可以右击绘制的路径或单击面板右上角的 按钮,在弹出的菜单中选择"填充路径"命令,打开"填充路径"对话框,单击"确定"按钮即可。

7.4.4 描边路径

描边的含义是在图像或物体边缘添加一层边框,而描边路径指的是沿绘制的或已存在的路径,在其边缘添加线条效果。此时得到的线条效果可通过使用画笔、铅笔、橡皮擦和图章工具获得,画笔的笔触样式和颜色都是可以自定义的。

单击"路径"面板底部的"用画笔描边路径"按钮 ,也可以右击绘制的路径或单击面板右上角的 按钮,在弹出的菜单中执行"描边路径"菜单命令,弹出"描边路径"对话框,单击"确定"按钮即可。

【课堂制作 7.3】 制作邮票效果

Step 01 新建文件,尺寸为 400 像素×300 像素,并填充红色(♯9b3a3a)。

Step 02 打开"第七章\素材\校园风景.jpg"图像文件,拖到当前文档中,形成"图层1"。按【Ctrl＋T】快捷键对"图层 1"的图像进行"自由变换",按【Enter】键确认变换,如图 7-47 所示。

图 7-47

图 7-48

Step 03 按【Ctrl】键单击"图层 1"的缩览图，执行"选择＞修改＞扩展"菜单命令，弹出"扩展"对话框，设置"扩展量"为 15 像素。新建"图层 2"，并填充白色，把"图层 2"拖到"图层 1"的下方，如图 7-48 所示。

Step 04 再在"图层 2"上方创建"图层 3"。"图层"面板如图 7-49 所示。

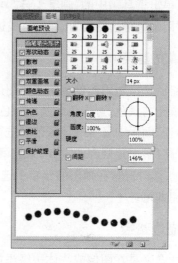

图 7-49 　　　　　　　　　　　　　　　　图 7-50

Step 05 选择工具箱中的"画笔工具" ，前景色设置为黑色，按 F5 键调出"画笔"面板，设置"大小"14px，"间距"为 146％，其他参数如图 7-50 所示。

Step 06 切换到"路径"面板，单击面板下面的"从选区生成工作路径"按钮 ，再单击"用画笔描边路径"按钮 ，完成描边路径后隐藏工作路径，如图 7-51 所示。

图 7-51 　　　　　　　　　　　　　　　　图 7-52

Step 07 切换到"图层"面板，按【Ctrl】键单击"图层 3"的缩览图，选取黑点，隐藏"图层 3"再单击"图层 2"，按【Delete】键，再按【Ctrl＋D】快捷键取消选择。

Step 08 单击图层面板下方的"添加图层样式"按钮 ，弹出"图层样式"对话框，参数为默认，按"确定"按钮，最后效果如图 7-52 所示。

7.4.5　路径与选区的转换

路径是由无数的锚点组成的,通过添加和删除锚点并调整控制柄的方向,可以将路径调整到最佳状态。在图像中绘制路径后,还可以将路径转换为选区或将选区转换为路径,更好地完善了选区和路径的互换。

1) 路径转换为选区

在绘制路径后,单击"路径"面板底部的"将路径作为选区载入"按钮 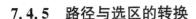,也可以右击绘制的路径或单击面板右上角的 按钮,在弹出的菜单中选择"建立选区"命令,弹出"建立选区"对话框,单击"确定"按钮即可。按下【Ctrl+Enter】快捷键也能将路径转换为选区。

2) 选区转换为路径

创建选区后,单击"路径"面板底部的"从选区生成工作路径"按钮 ,或单击面板右上角的 按钮,在弹出的菜单中选择"建立工作路径"命令,弹出"建立工作路径"对话框,单击"确定"按钮即可。

【课堂制作 7.4】　绘制太极图案

Step 01　建立一个 16 厘米×16 厘米的新文件,背景填充浅灰色(♯bbbbbb),并新建"图层 1"。执行"视图＞标尺"菜单命令,并创建参考线。单击"椭圆工具" ,对准画布中心,同时按下【Shift+Alt】键,向外拉出正圆形路径,注意和参考线的 4 个切点对齐,如图 7-53 所示。

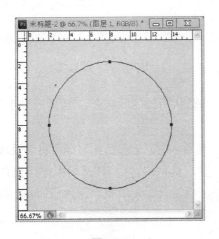

图 7-53

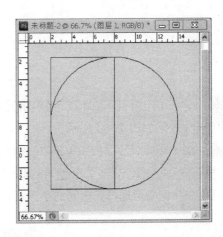

图 7-54

Step 02　单击"矩形工具" ,选择选项栏中的"从路径区域减去"按钮 ,画一个矩形路径,注意与正圆的一半处对齐,如图 7-54 所示。

Step 03　单击"路径选择工具" ,在方圆两个路径外框选一下,此时出现节点,表示圆和矩形都已被选择,再单击一下 组合 ,效果如图 7-55 所示。

Step 04　单击"椭圆工具" ,单击选项栏中的"添加到路径区域"按钮 ,画一个小圆,并使其直径正好为半圆直径的一半,如图 7-56 所示。单击"路径选择工具" ,在两个路径外框选一下,再单击一下 [组合],效果如图 7-57 所示。

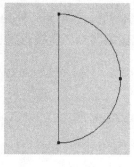

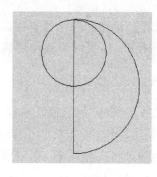
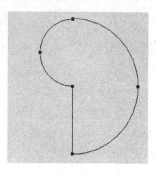

图 7-55   图 7-56   图 7-57

Step 05 单击"椭圆工具" ⬭ ,单击选项属性栏中的"从路径区域减去"按钮 ⌐ ,画一个小圆,并使其直径正好为半圆直径的一半,如图 7-58 所示。单击"路径选择工具" ▶ ,在两个路径外框选一下,再单击一下 [组合],效果如图 7-59 所示。

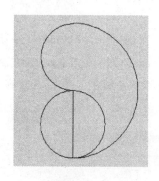
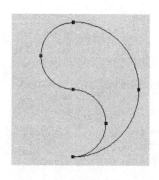
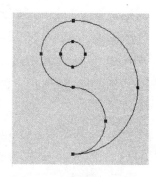

图 7-58   图 7-59   图 7-60

Step 06 单击"椭圆工具" ⬭ ,单击选项栏中的"从路径区域减去" ⌐ ,画一个小圆,同样选中组合,效果如图 7-60 所示。

Step 07 在"路径"面板中单击"将路径作为选区载入"按钮 ○ ,此时即可将路径转换为选区。执行"编辑>填充"菜单命令,在弹出的"填充"对话框中,"内容"选项中使用白色。按【Ctrl+D】快捷键取消选择。中间的小圆可以用"油漆桶工具" 🪣 填充黑色,如图 7-61 所示。

图 7-61   图 7-62   图 7-63

Step 08 切换到"图层"面板,复制"图层 1",选择"图层 1 副本",点击面板下方的"创建新的填充和调整图层"按钮 ⊘,在弹出的快捷菜单中选择"反向"命令,并点击"调整"面板下方的切换按钮 ⚫,效果如图 7-62 所示。

Step 09 选择"图层 1 副本",执行"编辑>变换>旋转 180 度"菜单命令,再选择"移动工具" ➕ 向左移动合适的位置。执行"视图>清除参考线"菜单命令,最后效果如图 7-63 所示。

【课堂制作 7.5】 单眼皮变双眼皮

Step 01 打开"第七章\素材\单眼皮.jpg"图像文件,将图像放大到 300%,把眼睛置于中间,这样便于操作,如图 7-64 所示。我们以右眼变成双眼皮为例进行讲解。

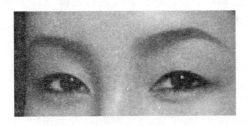

图 7-64

Step 02 单击"钢笔工具" ✎,在左、右眼角和眼下部单击,最后形成一个闭合的路径,如图 7-65 所示。

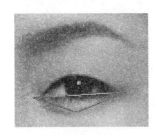
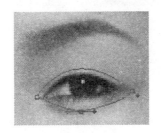
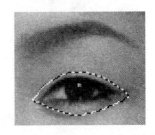

图 7-65 　　　　　　　　图 7-66 　　　　　　　　图 7-67

Step 03 单击"转换点工具" ⊢ 勾出双眼皮的轮廓,如图 7-66 所示。切换到"路径"面板,点击面板下方"路径作为选区载入"按钮 ⊙,把路径转换成选区,如图 7-67 所示。

Step 04 单击工具箱中的"加深工具" ✊,设置"范围"为中间调,"曝光度"为 30%。将前景色设置为黑色,适当调整加深工具大小,然后沿着上眼皮选区的边缘进行来回擦除,尽量沿着边缘进行,注意不要擦到眼睛。

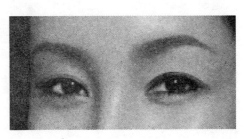

图 7-68 　　　　　　　　　　　　图 7-69

Step 05 选择菜单"选择＞反向"菜单命令,将选区进行反选。单击"减淡工具" ,设置"范围"为中间调,"曝光度"为 16%。用"减淡工具" 沿着上眼皮的上边缘进行来回擦除,这样就能与刚才的加深工具擦除的区域形成明显的反差,从而形成较明显的双眼皮效果。按【Ctrl+D】快捷键取消选区,如果不满意可以在"历史记录"面板中撤消部分操作,进行反复调整,效果如图 7-68 所示。

Step 06 对另一只眼睛进行同样的操作,最终效果如图 7-69 所示。

7.4.6 文字转换为路径

文字转换为路径,为艺术工作者使用计算机进行字体设计带来了很大的方便。

【课堂制作 7.6】 艺术字"二胡"

Step 01 新建文件,尺寸为 350 像素×350 像素,背景为白色。

Step 02 使用"横排文字工具" T 创建文字"二胡",黑体,文字大小为 120 点,如图 7-70 所示。

Step 03 选择文字图层,执行"图层＞文字＞创建工作路径"菜单命令,为当前文字的轮廓创建工作路径,路径面板如图 7-71 所示。

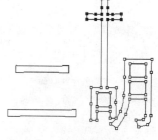

图 7-70　　　　　　　　　图 7-71　　　　　　　　　图 7-72

Step 05 删除或隐藏文字层,使用"直接选择工具" 改变"胡"字偏旁"古"的位置,如图 7-72 所示。

Step 06 单击选项栏中的"添加到路径区域"按钮 ,在"古"偏旁上部新建矩形路径,利用"路径选择工具" 选择"古"偏旁和矩形,再单击一下 组合 ,使两个路径产生组合,如图 7-73 所示。

Step 07 删除"二"字下方的一横,同理,创建新路径与"古"偏旁组合,最后效果如图 7-74 所示。

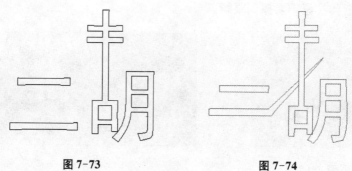

图 7-73　　　　　　　　　　　　　　　图 7-74

【课堂制作7.7】 制作牛仔补丁

Step 01 打开"第七章\素材\背景.jpg"和"牛仔布.jpg"图像文件,把牛仔布.jpg拖进背景.jpg中去,形成"图层1"。

Step 02 选择"路径工具" ，选择工具箱中的"自定义形状工具" 中的某种形状,本例选择"兔",制作一个小兔子的路径,如图7-75所示,路径面板如图7-76所示。

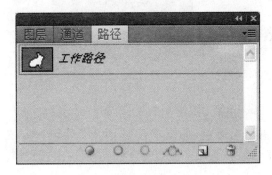

图7-75   图7-76

Step 03 切换到"路径"面板,单击"将路径作为选区载入"按钮 ，执行"选择>反向"菜单命令,这样选取了兔子以外的牛仔布,按【Delete】键删除,再按【Ctrl+D】快捷键取消选择,如图7-77所示。

Step 04 双击"图层1",设置图层样式的"投影"和"斜面和浮雕",其中的参数均为默认值,效果如图7-78所示。

图7-77   图7-78

Step 05 返回"路径"面板,选择工作路径,单击"将路径作为选区载入"按钮 ，执行"选择>修改>收缩"菜单命令,弹出"收缩"对话框,设置"收缩量"为12像素。继续单击"路径"面板下方的"从选区产生工作路径"按钮 ，把选区转换成路径。

Step 06 切换到"图层"面板,新建"图层2"。选择画笔工具,设置画笔大小为3像素,硬度为0%,颜色为黑色,单击路径面板下方的"用画笔描边路径"按钮 ，如图7-79所示。

Step 07 双击"图层2",设置图层样式,添加"斜面和浮雕"效果。其中样式为"外斜面",方向为"下",效果如图7-80所示。

图 7-79

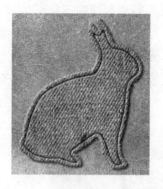

图 7-80

Step 08　新建一个 20 像素×100 像素的新文档,用"椭圆选框工具"画一个椭圆选区,并填充黑色,如图 7-81。执行"编辑＞定义画笔预设"菜单命令,名称为缝合线,如图 7-82 所示,用来模拟缝合线,最后退出该文档。

图 7-81　　　　　　　　　　　　图 7-82

Step 09　切换到"路径"面板,选择工作路径。再切换到"图层"面板,新建"图层 3",选择画笔中创建的"缝合线",单击"切换画笔面板"按钮，设置"大小"为 18 像素,"角度"为 90 度,"间距"为 667％,勾选"形状动态",参数为默认值。

Step 10　选择浅色的前景色(＃bebebe)。切换到"路径"面板,选择工作路径,单击"用画笔描边路径"按钮。设置图层样式的"投影"和"斜面和浮雕",参数均为默认值,最终效果如图 7-83所示。

图 7-83

【课堂制作 7.8】　制作贺卡

Step 01　新建一个 600 像素×600 像素的文件,背景填充白色。新建"图层 1",用"钢笔工具"勾出气球的路径,如图 7-84 所示。

Step 02　将路径转换为选区,单击工具箱中的"渐变工具"，打开"渐变编辑器"对话框,添加两个色标,位置如图 7-85 所示,从左到右四个色标的颜色分别为＃FFE0E0、＃E68383、＃D86f6f、＃F3c0c0。在气球上作径向渐变,效果如图 7-86 所示。

Step 03　新建"图层 2",同样用"钢笔工具"勾出如图 7-87 的路径,并转换成选区。选择"渐变工具"，打开"渐变编辑器"对话框,两个色标的颜色分别为＃DB6E6E、＃F49E9E,如图 7-88 所示,从上到下作线性渐变。

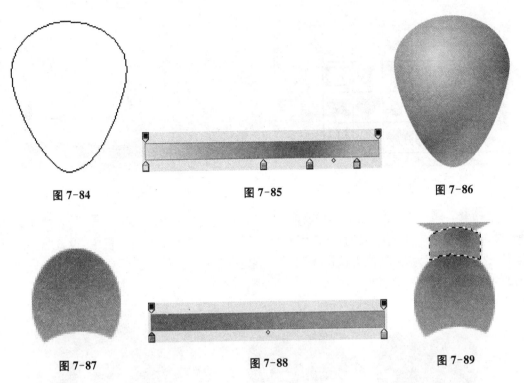

图 7-84   图 7-85   图 7-86

图 7-87   图 7-88   图 7-89

Step 04　新建"图层 3",用同样的方法制作如图 7-89 选区内所示的效果。

Step 05　合并"图层 2"和"图层 3"后,再复制合并后的图层。副本图层改名为"装饰"图层,另一个与"图层 1"再合并,改名为"气球",完成的气球如图 7-90 所示。先隐藏"装饰"和"气球"这两个图层,如图 7-91 所示。

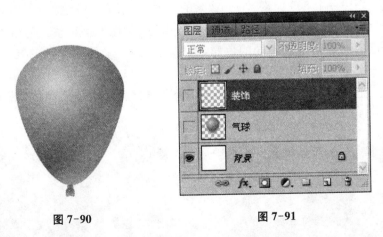

图 7-90   图 7-91

Step 06　在"气球"图层上方新建图层"心",创建心形的路径,也可用图 7-92 的"自定义形状工具"中的♥直接创建路径,单击"路径"面板下方的"将路径作为选区载入"按钮，选择"渐变工具"，打开"渐变编辑器"对话框,从左到右五个色标的颜色分别为♯FFADAD、♯FF0A0A、♯D00000、♯B80606、♯E26969,如图 7-93 所示。从左上角到右下角作径向渐变,效果如图 7-94 所示。

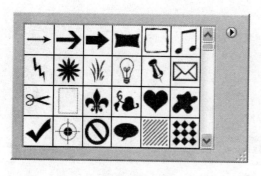

图 7-92

图 7-93

Step 07 显示"装饰"图层,把"装饰"图层放在"心"图层的下方,如图 7-95 所示。选择"装饰"图层,执行"图像>调整>匹配颜色"菜单命令,在弹出的对话框中,设置"源"选择当前文件,"图层"为心,其他为默认参数,按"确定"按钮。合并"装饰"层和"心"层,完成了心形的制作。

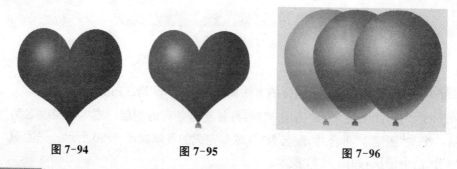

图 7-94   图 7-95   图 7-96

Step 08 新建一个 800 像素×600 像素的文件,背景填充颜色为♯FEE0E0。把做好的气球拖进来,并复制两份,对复制的两个气球分别执行"图像>调整>色相/饱和度"菜单命令,根据自己的喜好调整成不同的色彩,这样就得到三个不同颜色的气球,如图 7-96 所示。

Step 09 把各种颜色的气球复制几份,适当调整大小、位置、角度,效果如图 7-97 所示。

图 7-97   图 7-98

Step 10 把已完成的"心"也拖进来,操作与气球一样,效果如图 7-98 所示。

Step 11   新建一个图层,创建如图 7-99 所示的路径,设置前景色为(♯fbc1e9),画笔大小为 5 像素,单击"路径"面板下方的"用画笔描边路径"按钮 ⬭ ,按【Ctrl＋H】快捷键隐藏路径,在画面上加上线条。复制几层,改变线条的大小、角度、颜色、透明度等,放在不同的图层。

图 7-99   图 7-100

Step 12   新建一层,用"钢笔工具" ✐ 勾出"LOVE"的路径(注意字母"O"中间要单击选项栏中的"从路径区域减去" ▣)。切换到"路径"面板,单击下方"将选区生成工作路径"按钮 ◠◠ ,如图 7-100 所示。

Step 13   选择工具栏中的"画笔工具" ✎ ,单击"切换画笔面板" ⊡ ,选择"Flowing stars" ☆ ,画笔"大小"为 12px,"间距"为 110%。切换到"路径"面板,单击下方的"用画笔描边路径"按钮 ⬭ ,然后按【Ctrl＋H】快捷键隐藏路径,效果如图 7-101 所示。

图 7-101

Step 14   执行"图层＞图层样式＞混合选项"菜单命令,选择 ☑外发光 ,"设置发光颜色"为白色,在"渐变编辑器"中,"不透明度"的不透明度设为 75%,如图 7-102 所示。"LOVE"的样式已完成,然后改变位置和角度,最后效果如图 7-103 所示。

图 7-102   图 7-103

Photoshop 图层就如同堆叠在一起的透明纸。您可以透过图层的透明区域看到下面的图层。可以移动图层来定位图层上的内容,就像在堆栈中滑动透明纸一样。也可以更改图层的不透明度以使内容部分透明。我们可以使用图层来执行多种任务,如复合多个图像、向图像添加文本或添加矢量图形形状。可以应用图层样式来添加特殊效果,如投影或发光。

掌握图层混合模式的使用方法

掌握图层样式的操作方法

掌握填充和调整图层的使用方法

掌握图层复合、盖印图层与智能对象图层的使用方法

8.1 图层的混合模式

图层的混合模式是用来控制当前图层与其他图层的像素混合效果的。我们可以用图层的混合模式来制作多个图层的混合效果。总共有 27 种不同的混合模式,下面我们来了解下不同的混合模式。

打开"第八章\素材\图层混合模式. psd"素材文件。图层面板中选择"图层 2",然后在图层混合模式列表中选择不同的模式就会有相应的效果。

(1)正常:该模式下编辑每个像素,都将直接形成结果色,这是默认模式,也是图像的初始状态。在此模式下,可以通过调节图层不透明度和图层填充值的参数,不同程度地显示下一层的内容,如图 8-1 所示。

(2)溶解:该模式是用结果色随机取代具有基色和混合颜色的像素,取代的程度取决于该像素的不透明度。下一层较暗的像素被当前图层中较亮的像素所取代,达到与底色溶解在一起的效果。但是,根据任何像素位置的不透明度,结果色由基色或混合色的像素随机替换。因此,溶解模式最好是同 PS 中的一些着色工具一起使用效果比较好,如画笔工具、橡皮擦工具等,如图 8-2 所示。

(3)变暗:该模式在混合时,将绘制的颜色与基色之间的亮度进行比较,亮于基色的颜色都被替换,暗于基色的颜色保持不变。在变暗模式中,查看每个通道的颜色信息,并选择基色与混合色中较暗的颜色作为结果色。变暗模式导致比背景色更淡的颜色从结果色中去掉,浅色的图像从结果色中被去掉,被比它颜色深的背景颜色替换掉了,如图 8-3 所示。

图 8-1　　　　　　　　　　　　　　　　　图 8-2

　　（4）正片叠底：该模式用于查看每个通道中的颜色信息，利用它可以形成一种光线穿透图层的幻灯片效果。其实就是将基色与混合色相乘，然后再除以 255，便得到了结果色的颜色值，结果色总是比原来的颜色更暗。当任何颜色与黑色进行正片叠底模式操作时，得到的颜色仍为黑色，因为黑色的像素值为 0；当任何颜色与白色进行正片叠底模式操作时，颜色保持不变，因为白色的像素值为 255，如图 8-4 所示。

图 8-3　　　　　　　　　　　　　　　　　图 8-4

　　（5）颜色加深：该模式用于查看每个通道的颜色信息，使基色变暗，从而显示当前图层的混合色。在与黑色和白色混合时，图像不会发生变化，如图 8-5 所示。

　　（6）线性加深：该模式同样用于查看每个通道的颜色信息，不同的是，它通过降低其亮度使基色变暗来反映混合色。如果混合色与基色呈白色，混合后将不会发生变化。混合色为黑色的区域均显示在结果色中，而白色的区域消失，这就是线性加深模式的特点，如图 8-6 所示。

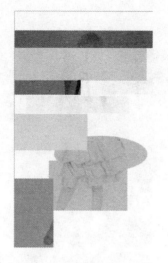 

图 8-5 图 8-6

　（7）深色：该混合模式依据当前图像混合色的饱和度直接覆盖基色中暗调区域的颜色。基色中包含的亮度信息不变，以混合色中的暗调信息所取代，从而得到结果色。深色混合模式可反映背景较亮图像中暗部信息的表现，调暗亮部信息，如图 8-7 所示。

　（8）变亮：该混合模式与变暗混合模式的结果相反。通过比较基色与混合色，把比混合色暗的像素替换，比混合色亮的像素不改变，从而使整个图像产生变亮的效果，如图 8-8 所示。

图 8-7 图 8-8

　（9）滤色：该混合模式与正片叠底模式相反，它查看每个通道的颜色信息，将图像的基色与混合色结合起来产生比两种颜色都浅的第三种颜色，就是将绘制的颜色与底色的互补色相乘，然后除以 255 得到的混合效果。通过该模式转换后的效果颜色通常很浅，像是被漂白一样，结果色总是较亮的颜色。由于滤色混合模式的工作原理是保留图像中的亮色，利用这个特点，通常在对丝薄婚纱进行处理时采用滤色模式。另外，在对图片中曝光不足现象进行修正时,利用滤色模式,也能很快地调整图像亮度,如图 8-9 所示。

（10）颜色减淡:该混合模式用于查看每个通道的颜色信息,通过降低对比度使基色变亮,从而反映混合色,除了指定在这个模式的层上边缘区域更尖锐,以及在这个模式下着色的笔画之外,颜色减淡混合模式类似于滤色模式创建的效果,如图 8-10 所示。

图 8-9　　　　　　　　　　　　图 8-10

（11）线性减淡:该混合模式与线性加深混合模式的效果相反,它通过增加亮度来减淡颜色,产生的亮化效果比滤色模式和颜色减淡模式都强烈。工作原理是查看每个通道的颜色信息,然后通过增加亮度使基色变亮来反映混合色。与白色混合时图像中的色彩信息降至最低;与黑色混合不会发生变化,如图 8-11 所示。

（12）浅色:该混合模式依据当前图像混合色的饱和度直接覆盖基色中高光区域的颜色。基色中包含的暗调区域不变,以混合色中的高光色调所取代,从而得到结果色,如图 8-12 所示。

图 8-11　　　　　　　　　　　　图 8-12

（13）叠加：该混合模式实际上是正片叠底模式和滤色模式的一种混合模式。该模式是将混合色与基色相互叠加，也就是说底层图像控制着上面的图层，可以使之变亮或变暗。比 50％暗的区域将采用正片叠底模式变暗，比 50％亮的区域则采用滤色模式变亮，如图 8-13 所示。

（14）柔光：该混合模式的效果与发散的聚光灯照在图像上相似。该模式根据混合色的明暗来决定图像的最终效果是变亮还是变暗。如果混合色比基色更亮一些，那么结果色将更亮；如果混合色比基色更暗一些，那么结果色将更暗，使图像的亮度反差增大，如图 8-14 所示。

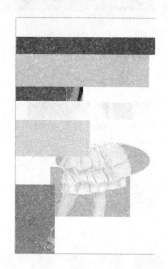

图 8-13   图 8-14

（15）强光：该混合模式是正片叠底模式与滤色模式的组合。它可以产生强光照射的效果，根据当前图层颜色的明暗程度来决定最终的效果是变亮还是变暗。如果混合色比基色的像素更亮一些，那么结果色更亮；如果混合色比基色的像素更暗一些，那么结果色更暗。这种模式实质上同柔光模式相似，区别在于它的效果要比柔光模式更强烈一些。在强光模式下，当前图层中比 50％灰色亮的像素会使图像变亮；比 50％灰色暗的像素会使图像变暗，但当前图层中纯黑色和纯白色将保持不变，如图 8-15 所示。

图 8-15   图 8-16

（16）亮光：该混合模式通过增加或减小对比度来加深或减淡颜色。如果当前图层中的像素比 50％灰色亮，则通过减小对比度的方式使图像变亮；如果当前图层中的像素比 50％灰色暗，则通过增加对比度的方式使图像变暗。亮光模式是颜色减淡模式与颜色加深模式的组合，它可以使混合后的颜色更饱和，如图 8-16 所示。

（17）线性光：该混合模式是线性减淡模式与线性加深模式的组合。线性光模式通过增加或降低当前图层颜色亮度来加深或减淡颜色。如果当前图层中的像素比 50％灰色亮，可通过增加亮度使图像变亮；如果当前图层中的像素比 50％灰色暗，则通过减小亮度使图像变暗。与强光模式相比，线性光模式可使图像产生更高的对比度，也会使更多的区域变为黑色或白色，如图 8-17 所示。

图 8-17   图 8-18

（18）点光：该混合模式其实就是根据当前图层颜色来替换颜色。若当前图层颜色比 50％的灰亮，则比当前图层颜色暗的像素被替换，而比当前图层颜色亮的像素不变；若当前图层颜色比 50％的灰暗，则比当前图层颜色亮的像素被替换，而比当前图层颜色暗的像素不变，如图 8-18 所示。

（19）实色混合：该混合模式下当混合色比 50％灰色亮时，基色变亮；如果混合色比50％灰色暗，则会使底层图像变暗。该模式通常会使图像产生色调分离的效果。减小填充不透明度时，可减弱对比强度。如图 8-19 所示。

（20）差值：该混合模式将混合色与基色的亮度进行对比，用较亮颜色的像素值减去较暗颜色的像素值，所得差值就是最后效果的像素值，如图 8-20 所示。

图 8-19　　　　　　　　　　　　　图 8-20

（21）排除：该混合模式与差值模式相似，但排除模式具有高对比和低饱和度的特点，比差值模式的效果要柔和、明亮。白色作为混合色时，图像反转基色而呈现；黑色作为混合色时，图像不发生变化。如图 8-21 所示。

（22）减去：该混合模式从目标通道中相应的像素上减去源通道中的像素值。与"相加"模式相同，此结果将除以"缩放"因数并添加到"位移"值。"缩放"因数可以是介于 1.000 和 2.000 之间的任何数字。可以使用"位移"值，通过任何介于＋255 和－255 之间的亮度值使目标通道中的像素变暗或变亮，如图 8-22 所示。

图 8-21　　　　　　　　　　　　　图 8-22

（23）划分：该混合模式中，下面的可见图层根据上面这个图层颜色的纯度，相应减去了同等纯度的该颜色，同时上面颜色的明暗度不同，被减去区域图像明度也不同。上面图层颜色越亮，图像亮度变化就会越小，上面图层越暗，被减区域图像就会越亮。也就是说，如果上面图层是白色，那么既不会减去颜色也不会提高明度，如果上面图层是黑色，那么所有不纯的颜色都会被减去,只留着最纯的光的三原色,及其混合色,青、品黄与白色。如图 8-23 所示。

(24)色相:该混合模式是选择基色的亮度和饱和度值与混合色进行混合而创建的效果,混合后的亮度及饱和度取决于基色,但色相取决于混合色,如图 8-24 所示。

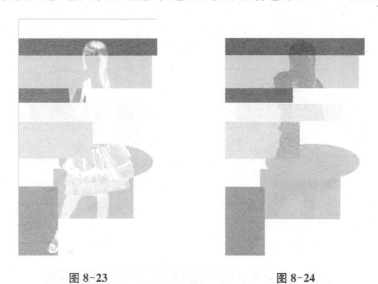

图 8-23　　　　　　　　　　　　　　图 8-24

(25)饱和度:该混合模式是在保持基色色相和亮度值的前提下,只用混合色的饱和度值进行着色。基色与混合色的饱和度值不同时,才使用混合色进行着色处理。若饱和度为0,则与任何混合色叠加均无变化。当基色不变的情况下,混合色图像饱和度越低,结果色饱和度越低;混合色图像饱和度越高,结果色饱和度越高,如图 8-25 所示。

(26)颜色:该混合模式引用基色的明度和混合色的色相与饱和度创建结果色。它能够使用混合色的饱和度和色相同时进行着色,这样可以保护图像的灰色色调,但结果色的颜色由混合色决定。颜色模式可以看作是饱和度模式和色相模式的综合效果,一般用于为图像添加单色效果,如图 8-26 所示。

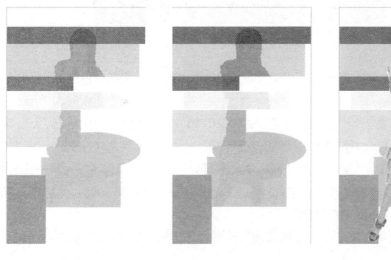

图 8-25　　　　　　　　　图 8-26　　　　　　　　　图 8-27

（27）明度：该混合模式使用混合色的亮度值进行表现，而采用的是基色中的饱和度和色相。其与颜色模式的效果意义恰恰相反。如图 8-27 所示。

【课堂制作 8.1】 制作双景物图像

Step 01 打开"第八章\素材\城市.jpg"图像文件。将"背景"图层复制，生成新图层"背景副本"，如图 8-28 所示。

Step 02 执行"编辑＞变换＞水平翻转"菜单命令，将"背景副本"图层水平翻转，如图 8-29 所示。

图 8-28   图 8-29

Step 03 单击图层面板上"图层混合模式框" ，弹出列表中选择"正片叠底"，效果如图 8-30 所示。

图 8-30

Step 04 选择"文字工具" T.，设置文字字体"华文仿宋"，文字颜色白色，大小 20 点，在文件中添加"岁月静好""你若不来""我怎敢老去！"三个文字图层，如图 8-31 所示。

Step 05 选择文字"岁月静好"图层，按【Alt＋T】，适当调整文字的旋转、大小等。其他图层文字同样做适当的修改，如图 8-32 所示。

Step 06 选择文字"岁月静好"图层，单击图层面板下方"添加图层蒙版"按钮 ，选择"画笔工具" ，设置前景色为黑色，设置画笔大小为 3px、硬度为 100％，然后在文字上方拖动，做出以下效果，如图 8-33 所示。

Step 07 其他两个文字图层参照 Step 06 的操作方法，做出的效果如图 8-34 所示。

图 8-31

图 8-32

图 8-34

图 8-33

8.2　图层样式

　　图层样式命令用于为图层添加不同的效果,从而使图像产生丰富的变化效果。应用图层样式命令可以为图像添加投影、外发光、浮雕等效果,可以制作特殊效果的文字和图形。

8.2.1　样式控制面板

　　"样式"控制面板用于存储各种图层特效,并将其快速地套用在要编辑的对象中,这样,可以节省操作步骤和操作时间。

　　打开"第八章\素材\样式面板.psd"文件,如图 8-35 所示。选择"文字"图层。执行"窗口＞样式"菜单命令,打开"样式"控制面板,这时候面板中显示常用的图层样式,当我们需要其他的样式的时候可以做以下操作:单击样式控制面板右上方的图标 ,在弹出窗口中选择需要的图层样式,这里我们选择"Web 样式"命令,弹出提示对话框中单击"追加",如图8-36,就可以将我们选择的图层样式添加到我们的样式面板中,然后选择"黄色回环"样式来修改文字图层样式,如图 8-37 和 8-38 所示。

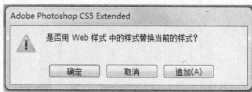

图 8-35   图 8-36

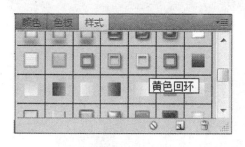

图 8-37   图 8-38

添加完图层样式后,对应的图层面板中会自动为该图层添加样式,如果需要删除样式或其中的部分样式,只需要将需要删除的样式拖动到下方的"删除图层"按钮 🗑 上就可以了,如图 8-39 所示。

图 8-39

8.2.2 图层样式

Photoshop CS5 提供了许多种图层样式,我们可以给图层添加一种或多种图层样式。

打开"第八章\素材\图层样式.psd"文件,选择"文字"图层。单击图层面板右上方的图标 ⬛ ,在弹出菜单中选择"混合选项",弹出"图层样式"对话框,如图 8-40 所示。也可以单击图层面板下方的"添加图层样式"按钮 fx. ,弹出菜单中单击"混合选项"也可以弹出"图层样式"对话框。

在"图层样式"对话框中,有多种图层混合选项可供选择,其效果如图 8-41 所示。

(1)"投影"命令用于使图像产生阴影效果。

(2)"内阴影"命令用于使图像内部产生阴影效果。

(3)"外发光"命令用于在图像边缘部分产生一种辉光效果。

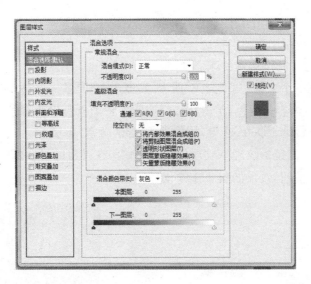

图 8-40

（4）"内发光"命令用于在图像的边缘内部产生一种辉光效果。

（5）"斜面和浮雕"命令用于使图像产生一种倾斜与浮雕效果。

（6）"光泽"命令用于使图像产生一种光泽效果。

（7）"颜色叠加"命令用于使图像产生一种颜色叠加效果。

（8）"渐变叠加"命令用于使图像产生一种渐变叠加效果。

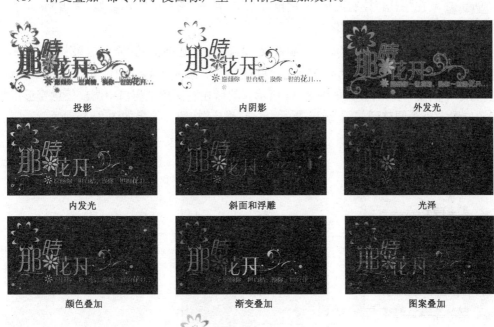

图 8-41

（9）"图案叠加"命令用于在图像上添加图案效果。

（10）"描边"命令用于为图像描边。

【课堂制作8.2】 制作立体台球

Step 01 新建一个文件：宽度为 10 厘米，高度为 10 厘米，分辨率为 300 像素/英寸，颜色模式为 RGB，背景内容为白色，单击"确定"按钮。将前景色设为绿色（其 R、G、B 的值分别为 51、153、0），按【Alt＋Delete】键，用前景色填充"背景"图层。

Step 02 执行"滤镜＞纹理＞纹理化"菜单命令，在弹出的对话框中设置如图 8-42 所示参数，单击"确定"按钮，效果如图 8-43 所示。

图 8-42   图 8-43

Step 03 在"图层"控制面板中，用鼠标双击"背景"图层的空白区域，弹出"新建图层"对话框，将"背景"图层转换为"图层 0"。

Step 04 执行"滤镜＞渲染＞光照效果"菜单命令，在弹出的"光照效果"对话框中，设置"强度"为 40，"聚焦"为 60，"光泽"为 0，"材料"为 0，"曝光度"为－24，"环境"为 80，"纹理通道"为绿，"高度"为 50，参数如图 8-44 所示。然后在左侧预览窗口中调整任意变形工具，将光源位置大小等调整到如图 8-45 所示，单击"确定"按钮。效果如图 8-46 所示。

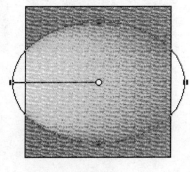

图 8-44   图 8-45   图 8-46

Step 05 新建图层并将其命名为"透明渐变"。选择"渐变工具" ，单击选项栏中的"点按可编辑渐变"按钮 ![渐变] ，弹出"渐变编辑器"对话框，将渐变色设为从黑色到白色，在色带上方单击右侧的不透明度色标，将"不透明度"设置为0，单击"确定"按钮。在选项栏中选择"线性渐变"按钮 ![线性]，将"不透明度"选项设置为50％，按住【Shift】键的同时，在图像窗口中从上到下拖曳渐变色，效果如图8-47所示。

Step 06 单击"图层"控制面板下方的"创建新组"按钮 ![创建新组] ，生成新的图层组并将其命名为"黑色台球"。在"黑色台球"图层组中新建图层并将其命名为"黑色圆形"。将前景色设为黑色。选择"椭圆工具" ![椭圆] ，选中属性栏中的"填充像素"按钮 ![填充] ，按住【Shift】键的同时，在图像窗口中绘制圆形，效果如图8-48所示。

图 8-47

图 8-48

Step 07 单击"图层"控制面板下方的"添加图层样式"按钮 ![fx] ，在弹出的菜单中选择"外发光"选项，弹出对话框，设置发光颜色为黑色，其他选项的设置如图8-49所示，单击"确定"按钮，效果如图8-50所示。

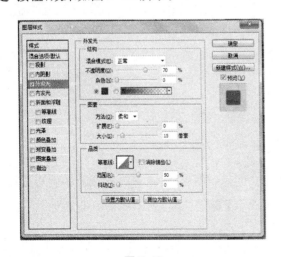

图 8-49

图 8-50

Step 08 新建图层并将其命名为"白色高光"。将前景色设为白色。选择"椭圆"工具 ![椭圆] ，按住【Shift】键的同时，在图像窗口的黑色圆形的左上方绘制圆形，如图8-51所示。

Step 09 执行"滤镜＞模糊＞高斯模糊"菜单命令,在弹出的"高斯模糊"对话框中设置如图 8-52 所示参数,单击"确定"按钮,效果如图 8-53 所示。

图 8-51 图 8-52 图 8-53

Step 10 将"白色高光"图层拖曳到控制面板下方的"创建新图层"按钮 上进行复制,生成新的图层"白色高光副本"。按【Ctrl＋T】键,图形周围出现控制手柄,按住【Shift＋Alt】键,向内拖曳鼠标调整图形的大小,如图 8-54 所示,按【Enter】键确定操作。

Step 11 选择"白色高光副本"图层,单击"图层"控制面板下方的"添加图层样式"按钮 ,在弹出的菜单中选择"内阴影"选项,弹出"图层样式"对话框,设置阴影颜色为浅黄色(其 R、G、B 的值分别为 255、251、208),其他选项的设置如图 8-55 所示,单击"确定"按钮,效果如图 8-56 所示。

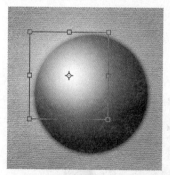 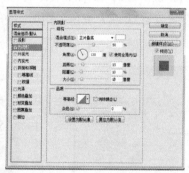 

图 8-54 图 8-55 图 8-56

Step 12 单击"图层"控制面板下方的"创建新图层"按钮 ,生成新的图层并将其命名为"圆形"。选择"椭圆工具" ,按住【Shift】键的同时,在图像窗口的黑色圆形的右下方绘制圆形,如图 8-57 所示。

Step 13 在"图层"控制面板上方,将图层的"不透明度"选项设为 30%,效果如图 8-58 所示。

Step 14 选择"横排文字"工具 ,在属性栏中选择合适的字体并设置文字大小,输入需要的黑色文字,如图 8-59 所示,在"图层"控制面板中自动生成新的文字图层。

图 8-57　　　　　　　　　　　　　　图 8-58

Step 15　新建图层并将其命名为"投影"。将前景色设为黑色。选择"椭圆工具" ，在图像窗口的黑色圆形的下方绘制椭圆。按【Ctrl＋T】键，将鼠标光标放在变换框的控制手柄外边，光标变为旋转图标 ↻ ，拖曳鼠标将图像旋转至适当的位置，按【Enter】键确定操作，如图 8-60 所示。

图 8-59　　　　　　　　　　　　　　图 8-60

Step 16　执行"滤镜＞模糊＞高斯模糊"菜单命令，在弹出的对话框中进行设置，如图 8-61所示参数，单击"确定"按钮，在"图层"控制面板中将"投影"图层拖曳到"黑色圆形"图层的下方，效果如图 8-62 所示。"黑色台球"图层组效果制作完成。

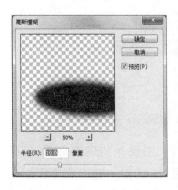

图 8-61　　　　　　　　　图 8-62　　　　　　　　　图 8-63

Step 17 按照黑球的制作方法，制作出红球和黄球，最后的效果图如图 8-63 所示。

8.3 填充图层和调整图层

使用填充图层和调整图层，将使创作工作更加灵活机动。填充图层可向图像快速添加颜色、照片和渐变图素；而调整图层可对图像试用颜色和应用色调调整。如果对图像效果不满意，还可将其运行再次编辑或删除，而不会影响到原始图像信息。默认情况下，填充图层和调整图层带有图层蒙版，由图层缩览图左边的蒙版缩览图表示。如果在创建填充图层或调整图层时路径处于显示状态，则创建的是矢量蒙版而不是图层蒙版。下面我们来学习如何创建和应用填充与调整图层。

8.3.1 填充图层

新建填充图层时，可以选择执行"图层＞新建填充图层"菜单命令，或单击"图层"面板下方的"创建新的填充或调整图层"按钮 ，弹出填充图层的三种方式"纯色""渐变""图案"，选择其中一种方式后，将弹出"新建图层"对话框，单击"确定"按钮后，会根据选择的填充方式弹出不同的填充对话框。下面以"纯色"填充为例，如图 8-64。

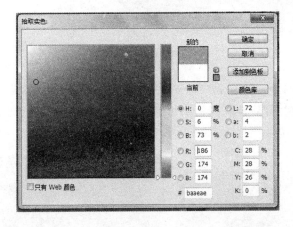

图 8-64

8.3.2 调整图层

当需要对一个或多个图层进行色彩调整时，可以选择执行"图层＞新建调整图层"菜单命令，或单击"图层"面板下方的"创建新的填充和调整图层"按钮 ，弹出调整图层的多种方式，选择其中一种方式后，将弹出"新建图层"对话框，单击"确定"按钮后，会根据选择的调整图层方式弹出不同的调整对话框。下面以"色相/饱和度"调整为例,如图 8-65 所示。

图 8-65

【课堂制作 8.3】　处理艺术照片

Step 01　打开"第八章\素材\天使.jpg"图像文件。

Step 02　执行"图层＞新建填充图层＞纯色"菜单命令,在弹出"新建图层"对话框中选择模式为"叠加",如图 8-66,单击"确定",弹出"拾取实色"对话框,选择颜色,其 R、G、B 的值都为 50,单击"确定"按钮,创建"颜色填充 1"图层,效果如图 8-67 所示。

Step 03　选择"横排文字工具"T,在属性栏面板选择"华文行楷"字体,"35 点"大小,字体颜色 R、G、B 的值分别为 0、35、90,在图像窗口适当位置输入"天使的翅膀化成了水"与"却还以为是幸福的泪",同时选择两个文字图层,按【Ctrl＋E】组合键,合并图层并将其命名为"文字",如图 8-68 所示。

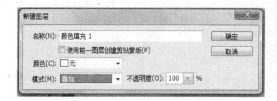

图 8-66   图 8-67

Step 04　选择"椭圆选框工具"  ，在图像上拖动出一个椭圆区域，再按【Ctrl＋Shift＋I】组合键，将选区反选，如图 8-69 所示。

图 8-68   图 8-69

Step 05　执行"图层＞新建填充图层＞纯色"菜单命令，弹出"新建图层"对话框中选择模式为"滤色"，如图 8-70 所示，单击"确定"，弹出"拾色器"对话框，选择颜色，其 R、G、B 的值分别为 0、100、200，单击"确定"按钮，创建"颜色填充 2"图层，如图 8-71 所示。

图 8-70   图 8-71

Step 06　执行"图层＞新建调整图层＞色相/饱和度"菜单命令，弹出"新建图层"对话框，如图 8-72 所示，单击"确定"按钮添加"色相/饱和度 1"图层，同时弹出"色相/饱和度"面板，在面板中进行设置如图 8-73 所示参数，图像效果如图 8-74 所示。

图 8-72　　　　　　　　　　　　　　　　　图 8-73

Step 07　单击"色相/饱和度 1"图层的蒙版缩览图，使其处于编辑状态。将前景色设为黑色。选择"磁性套索"工具 ，在图像窗口中沿着人物的轮廓拖曳出选区，如图 8-75 所示，按【Alt＋Delete】组合键，前景色填充蒙版层，再按【Ctrl＋D】取消选区，效果如图 8-76 所示。

图 8-74　　　　　　　　　　　　　　　　　图 8-75

Step 08　执行"图层＞新建调整图层＞色阶"菜单命令，弹出"新建图层"对话框，如图 8-77 所示，单击"确定"按钮添加"色阶 1"图层，同时弹出"色阶"面板，在面板中设置如图 8-78 所示参数，效果如图 8-79 所示。

图 8-76　　　　　　　　　　　　　　　　　图 8-77

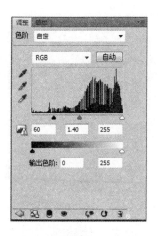

图 8-78   图 8-79

Step 09　单击"图层"面板下方的"创建新图层"按钮 ，生成新的图层并将其命名为"白色填充"。将前景色设置为白色。按【Alt＋Delete】组合键，用白色填充图层。在"图层"面板上方，将"白色填充"图层的"填充"选项设为 0％，如图 8-80 所示。单击"图层"面板下方的"添加图层样式"按钮 ，在弹出窗口中选择"内阴影"命令，弹出"图层样式"窗口中设置阴影颜色为黑色，其他参数设置如图 8-81 所示，单击"确定"按钮，最后的效果图如图 8-82 所示。

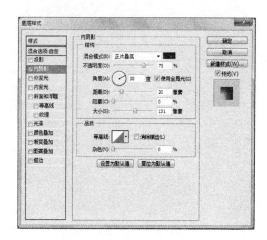

图 8-80   图 8-81

图 8-82

8.4　图层复合

图层复合是图层面板状态的快照,它记录了当前文件中的图层可视性、位置和外观(例如图层的不透明度,混合模式以及图层样式)。通过图层复合可以快速地在文档中切换不同版面的显示状态。因此,当我们向客户展示审计方案的不同效果时,通过"图层复合"面板便可以在单个文件中创建、管理和查看版面的多个版本。

【课堂制作8.4】　图层复合应用

Step 01　　打开"第八章\素材\图层复合. psd"文件。

Step 02　　执行"窗口＞图层复合"菜单命令,打开"图层复合"面板,如图8-83所示。

Step 03　　单击"图层复合"面板右上方的图标 ▤,弹出窗口中单击"图层复合选项"命令,弹出"图层复合选项"窗口,如图8-84。

Step 04　　勾选"可见性""位置""外观"多选项,单击"确定"按钮,就在"图层复合"面板中创建一个名为"图层复合1"的新图层复合,如图8-85。

　　图 8-83　　　　　　　　　　图 8-84　　　　　　　　　　图 8-85

Step 05　　选择"图层2",利用"移动工具",将热气球的位置调整到左侧,然后重复3、4步骤创建"图层复合2"的新图层复合。

这样我们就为该文件创建了两个图层复合,当我们需要在不同的图层复合中切换时,我们可使用以下几种操作:

Type1:执行"窗口＞图层复合"菜单命令,在"图层复合"面板中单击某个需要的图层复合前面的方框,如图8-86;

　　图 8-86　　　　　　　　　　图 8-87　　　　　　　　　　图 8-88

Type2：执行"窗口＞图层复合"菜单命令，在"图层复合"面板中单击"应用选中的上一图层复合" ◀ 按钮或"应用选中的下一图层复合" ▶ 按钮，来在多个图层复合中进行切换，如图 8-87；

Type3：执行"窗口＞图层复合"菜单命令，在"图层复合"面板中单击某个需要的图层复合，在右击弹出的菜单中单击"应用图层复合"，如图 8-88。

8.5　盖印图层

盖印图层就是我们在处理图片的时候将处理后的效果盖印到新的图层上，功能和合并图层差不多，不过比合并图层更好用。因为盖印是重新生成一个新的图层而一点都不会影响之前所处理的图层，这样做的好处就是，如果觉得之前处理的效果不太满意，可以删除盖印图层，之前做的效果图层依然还在。这极大地方便了我们处理图片，也可以节省时间。

盖印图层的操作方法：在"图层"控制面板中选中一个可见图层，按住【Ctrl＋Alt＋Shift＋E】的组合键，就会在图层面板中创建一个盖印图层。该图层位于选中可见图层上方，包含图层面板中所有的可见图层。

注：创建盖印图层时，选中的图层必须是可见图层，否则创建不了盖印图层。

8.6　智能对象图层

智能对象图层可以将一个或多个图层，甚至是一个矢量图形文件包含在 Photoshop 文件中。以智能对象图层形式嵌入到 Photoshop 文件中的位图或矢量文件，与当前的 Photoshop 文件能够保持相对独立，当对 Photoshop 文件进行修改或对智能对象进行变形、旋转等操作时，不会影响嵌入的位图或矢量文件。

1）智能对象的创建

智能对象的常用创建方法有两种：

第一种，导入一个外部矢量文件或位图文件创建智能对象图层。操作方法是执行"文件＞置入"菜单命令，弹出菜单中选择一个外部矢量文件或位图文件，如图 8-89，单击"置入"，调整智能对象大小后，再按"回车"确认。这时候如果选择的是锁定的背景图层或非空的其他图层，会在当前图层上方创建一个新智能对象图层；如果当前选中的是空白新图层，则会将当前图层修改为智能对象图层，如图 8-90 和8-91。

第二种，将当前文件中的一个或多个图层转换成智能对象图层。操作方法是，在当前文件的图层面板中选择一个或多个图层，如图 8-92，再执行"图层＞智能对象＞转换为智能对象"菜单命令，如图 8-93，这时候就将选中的图层转换成一个智能

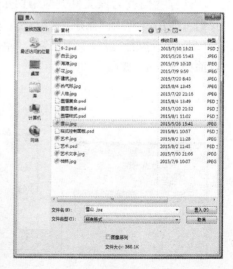

图 8-89

对象图层,如图 8-94。

图 8-90　　　　　　　　　　　　　　　　　图 8-91

　　　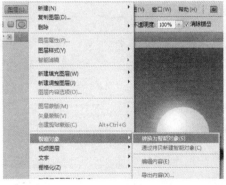　　　

图 8-92　　　　　　　　图 8-93　　　　　　　　图 8-94

2）智能对象的编辑

双击图层面板中智能对象图层的缩览图,Photoshop 会将智能对象图层作为一个新的窗口打开。如果我们是导入的外部矢量文件或位图文件,那么这个新的窗口中的文件就只有一个图层;如果这个智能对象图层是通过多个图层转换而来的,那么这个新的窗口中的文件图层数目就与转换来源图层数目有关。

在新窗口中对智能对象图层文件进行修改并保存后,修改操作影响嵌入此智能对象文件的图像的最终效果。

8.7　课堂案例

【课堂制作 8.5】 制作一颗漂亮水珠

Step 01 打开"第八章\素材\荷叶.jpg"图像文件,如图 8-95。

Step 02　复制一层,然后画一个圆的选区,按【Ctrl＋J】把选区复制出来,新建一个"圆形"图层,如图 8-96。

图 8-95

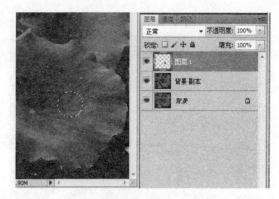

图 8-96

Step 03　单击"圆形选区"图层,设置"图层样式"为投影,参数设置如图 8-97。

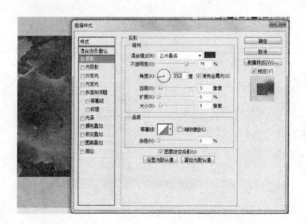

图 8-97

Step 04　再设置"图层样式"为内投影,参数设置如图 8-98,这时候基本立体感出来了。

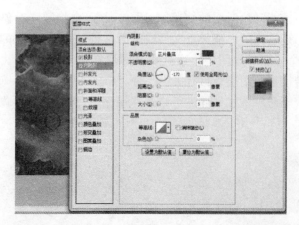

图 8-98

【课堂制作 8.6】 制作情人节贺卡

Step 01 新建一个 1024 像素×768 像素的文件,背景填充紫红色:♯9F2B74。

Step 02 新建一个名为"图层 1"的图层,用"椭圆选框工具" 在画布的中间位置拉出如图 8-99 所示的选区(选区适当大些),在选区上右击,选择"调整边缘"羽化 150 个像素后用"颜料桶"工具填充淡紫色:♯FABFE3,确定后按【Ctrl+J】把当前图层复制一层名为"图层 2"的图层,用以加强效果,如图 8-100。

图 8-99

图 8-100

Step 03 新建一个名为"图层 3"的图层,按字母键"D",把前景背景颜色恢复到默认的黑白,然后执行"滤镜＞渲染＞云彩"菜单命令,确定后把图层混合模式改为"滤色",在图层面板上,适当调整当前图层填充百分比,效果如图 8-101。

Step 04 打开"第八章\素材\浪漫情人节. jpg"图像文件,将文字图层拖进当前文件最上方,并改图层名为"文字",适当调整文字位置,如图8-102。

Step 05 利用"魔术棒工具" 将"文字"图层文字以外的部分删除掉,如图 8-103。

图 8-101

图 8-102

图 8-103

Step 06 双击图层面板"文字"图层缩略图调出图层样式,分别设置:投影、斜面和浮雕、等高线,参数设置如图 8-104、图 8-105、图 8-106,效果如图 8-107。

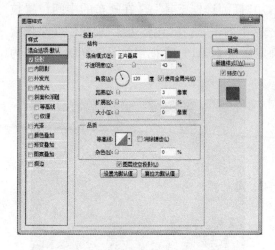

图 8-104

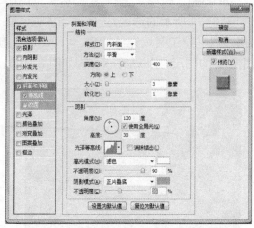

图 8-105

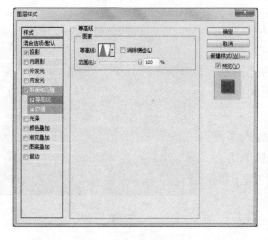

图 8-106

图 8-107

Step 07 按【Ctrl+J】把文字图层复制一层名为"文字副本"的图层,然后调出"文字副本"图层的图层样式,去掉投影选项,再修改一下斜面和浮雕的数值,参数设置如图 8-108,确定后把填充改为:0%,不透明度改为:50%,效果如图 8-109。

Step 08 在 Step 03 制作的"图层 3"图层上面新建一个图层,修改图层名为"图层 4",用"钢笔工具"勾出图 8-110 所示的轮廓,转为选区后加上图 8-111 所示的线性对称渐变,利用"渐变变形工具"调整渐变为合适效果。

Step 09 再来制作文字的立体面。在 Step 08 制作的"图层 4"图层下面新建一个图层,修改图层名为"图层 5",用"钢笔工具"勾出图 8-112 所示的选区,拉上图 8-113 所示的线性渐变,需要控制好渐变的方向。

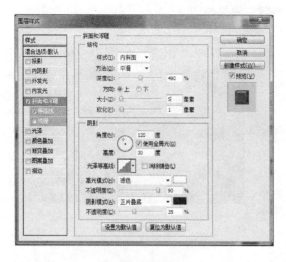

图 8-108

图 8-109

图 8-110

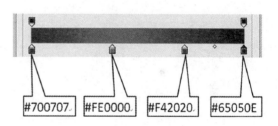

#700707　#FE0000　#F42020　#65050E

图 8-111

图 8-112

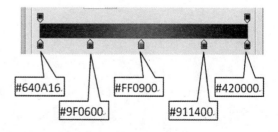

#640A16　#FF0900　#420000

#9F0600　#911400

图 8-113

Step 10　其他面的制作方法同上,效果如图 8-114。

Step 11　打开"第八章\素材\花前月下.jpg"图像文件,将"花前月下.jpg"的图层拖进当前文件中,调整图层位置在"文字"图层下方,用魔术棒抠出图形,分别加上渐变色,并调整好位置，局部可以加点"第八章\素材"下的装饰，效果如图 8-115。

图 8-114

图 8-115

9 调整图像的色彩和色调

本章是一个关于图像的色彩和色调调整方面知识的章节,以 Photoshop 软件自带的调整命令为载体,通过将调整命令分为自动调整命令、基本调整命令、特殊调整命令、高级调整命令,从 4 个方面对图像的调色知识进行介绍。

课堂学习目标

掌握快速调整图像色彩与色调的命令
掌握调整图像色彩与色调的命令
掌握特殊色调调整的命令

9.1 自动色彩调整命令

在 Photoshop 中,图像色彩的自动调整主要通过软件提供的自动调整命令进行。自动调整命令包括自动色调、自动对比度和自动颜色 3 种,使用这些自动命令能快速完成对图像的调整,但通过这些命令只能微调图像效果。

9.1.1 "自动色调"命令

"自动色调"命令的原理是通过定义每个颜色通道中的阴影和高光区域,将最亮和最暗的像素映射到纯白和纯黑的程度,使中间像素值按此比例重新分布,从而去除多余灰调。使用"自动色调"命令可以快速调整图像的明暗度,使图像更加清晰、自然。

执行"图像＞自动色调"菜单命令或者按下【Ctrl＋Shift＋L】快捷键,软件则自动通过搜索实际图像来调整图像的阴暗,使其达到一种协调状态。如图 9-1 和图 9-2 所示,分别为原图像和使用"自动色调"命令调整后的图像效果。

图 9-1

图 9-2

9.1.2 "自动对比度"命令

使用"自动对比度"命令不会单独调整通道，因此不会引入或消除色痕。它的原理是剪切图像中的阴影和高光值后，将图像剩余部分的最亮和最暗像素映射到纯白和纯黑，使高光更亮，阴影更暗。

"自动对比度"命令的操作方法比较简单，执行"图像＞自动对比度"菜单命令或按下【Alt＋Ctrl＋Shift＋L】快捷键即可。如图 9-3 和 9-4 所示，分别为原图像和使用"自动对比度"命令调整后的图像效果。

图 9-3　　　　　　　　　　　　　　　　图 9-4

9.1.3 "自动颜色"命令

"自动颜色"命令的原理是通过搜索图像来标识阴影、中间调和高光区域。使用"自动颜色"命令可自动调整图像的对比度和颜色。执行"图像＞自动颜色"菜单命令或按下【Ctrl＋Shift＋B】快捷键即可。如图 9-5 和 9-6 所示，分别为原图像和使用"自动颜色"命令调整后的图像效果。

图 9-5　　　　　　　　　　　　　　　　图 9-6

9.2　基本色彩调整命令

对图像的颜色和色调进行调整，可统称为对图像进行调色。Photoshop 为用户提供了一系列的调整命令,这里对这些调整命令中的基本调整命令进行介绍。基本调整命令包括"色阶"命令、"曲线"命令、"亮度/对比度"命令、"自然饱和度"命令、"色相/饱和度"命令、"色彩平衡"命令。

9.2.1　"亮度/对比度"命令

亮度即图像的明暗,对比度表示的是图像中明暗区域最亮的白和最暗的黑之间不同亮度层级的差异范围。范围越大,对比越大,反之越小。"亮度/对比度"命令是一个简单直接的调整命令,使用该命令可以增加或降低图像中的低色调、半色调和高色调图像区域的对比度,将图像的色调增亮或变暗。

执行"图像＞调整＞亮度/对比度"菜单命令,弹出"亮度/对比度"对话框,在其中拖动滑块调整参数,如图9-7所示。调整后的图像更加明亮、鲜活。

图9-7

【课堂制作9.1】　制作大丽花

Step 01　打开"第九章\素材\大丽花.jpg"图像文件,如图9-8所示。

Step 02　执行"图像＞调整＞色相饱和度"菜单命令,设置参数"饱和度"为61。这样花的颜色就变得非常鲜艳。

Step 03　执行"图像＞调整＞亮度/对比度"菜单命令,设置参数"亮度"为17,"对比度"为30。至此一张色彩鲜艳亮丽的大丽花就制作完成了,如图9-9所示。

图9-8　　　　　　　　　　　　　　　图9-9

9.2.2　"色阶"命令

色阶表示的是图像亮度强弱的指数标准,也被称为色彩指数。图像的色彩丰满度和精细度由色阶决定。在Photoshop中,可以使用"色阶"命令对图像进行调整,以平衡图像的对比度、饱和度及灰度,多用于修复图像的灰暗色调。

【课堂制作9.2】　调整灰调照片一

Step 01　打开"第九章\素材\灰暗图片1.jpg"图像文件,如图9-10所示。

Step 02　　单击"调整"面板,新建"色阶"调整层,如图 9-11 所示。从"色阶"图形上,显示照片的像素集中在"阴影区",如图 9-12 所示。向左移动白色滑块使照片变亮的同时,提高对比度,最终效果如图 9-13 所示。

图 9-10

图 9-11

图 9-12

图 9-13

【课堂制作 9.3】　调整灰调照片二

Step 01　　打开"第九章\素材\灰暗图片 2.jpg"图像文件。

Step 02　　新建"色阶"调整层,单击"调整＞色阶"面板,移动滑块,如图 9-14 所示。直到效果满意为止,最终效果如图 9-15 所示。

9.2.3　"曲线"命令

　　"曲线"命令的原理是通过调整曲线的斜率和形状来实现对图像色彩、亮度和对比度的综合调整,使图像色彩更加协调。与"色阶"命令相似,使用"曲线"命令也可以调整图像的亮度、对比度及纠正偏色等。不同的是,该命令的调整范围更为精确。执行"图像＞调整＞曲线"菜单命令或按下【Ctrl＋M】快捷键,弹出如图 9-16 所示的"曲线"对话框,在其中添加锚点,调整曲线,最后调整得到所需的效果。下面对其中一些特别的选项进行介绍。

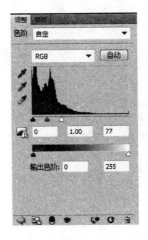

图 9-14

图 9-15

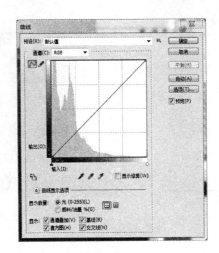

图 9-16

（1）"曲线编辑框"：曲线的水平轴表示原始图像的亮度,垂直轴表示处理后新图像的亮度。在曲线上单击可创建控制点。

（2）" 按钮"：表示以拖动曲线上控制点的方式来调整图像。

（3）" 按钮"：单击该按钮,将鼠标光标移到曲线编辑框中,当光标变为 形状时单击并拖动,绘制需要的曲线来调整图像。

【课堂制作 9.4】 用曲线调整照片亮度

Step 01 打开"第九章\素材\帅哥.jpg"图像文件,如图 9-17 所示。

Step 02 使用"快速选择工具"将人像部分选中,新建"曲线调整"层,如图 9-18 所示。

Step 03 设置"调整＞曲线",如图 9-19 所示,调整人像部分曲线后,按【Ctrl＋D】快捷键取消选择。最终效果如图 9-20 所示。

图 9-17

新建曲线调整层

图 9-18

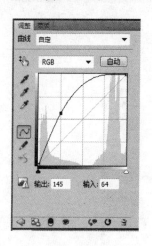

图 9-19

图 9-20

9.2.4 "自然饱和度"命令

"自然饱和度"命令的原理是调整饱和度,以便在颜色接近最大饱和度时最大限度地减少修剪。该调整增加的是饱和度相对较低的颜色的饱和度,用其替换原有的饱和度。该命令是自 CS 4 版本就增加的功能,它能防止肤色过度饱和,多用于对人物写真的皮肤进行调整,其调整前后的变化不是很大。

执行"图像>调整>自然饱和度"菜单命令,在"自然饱和度"和"饱和度"数值中输入数值或拖动滑块进行调整,如图 9-21 所示。

图 9-21

9.2.5 "色相/饱和度"命令

色相由原色、间色和复色构成,用于形容各类色彩的样貌特征,如棕榈红、柠檬黄等。饱和度又称纯度,指色彩的浓度,以色彩中所含同亮度的中性灰度的多少来衡量。使用"色相/饱和度"命令可以调整图像的颜色,并对图像的饱和度、明度进行调整,让图像色彩饱满。

执行"图像＞调整＞色相/饱和度"菜单命令,弹出"色相/饱和度"对话框,拖动滑块设置参数,如图 9-22 所示。

图 9-22

【课堂制作 9.5】 为人物替换颜色

Step 01 打开"第九章\素材\小婴儿.jpg"图像文件,在图层面板中,单击选择"背景"图层,并将"背景"图层拖到"新建图层"按钮中,生成"背景 副本"图层。

Step 02 选择"磁性套索工具",选项栏设置"模式"为"添加到选区",设置如图 9-23 所示。沿着帽子边沿仔细选择帽子部分。选中帽子后选区如图 9-24 所示。(提示:磁性套索工具无法选取的区域可以使用其他的套索工具来选取,其他的套索工具选项也设置为"添加到选区")。执行"选择＞修改＞羽化"菜单命令,设置选区"羽化值"为 2 像素。

图 9-23

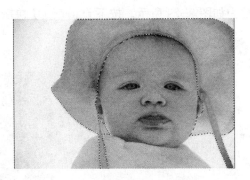

图 9-24

Step 03 执行"图像＞调整＞色相/饱和度"菜单命令,设置"色相/饱和度"如图 9-25 所示。接着执行"图像＞调整＞色阶"菜单命令,设置"色阶"如图 9-26 所示。此时帽子颜色调整为如图 9-27 所示。按下快捷键【Ctrl＋D】,取消选区选择。

Step 04 选择"磁性套索工具",选项栏设置为"添加到选区"。沿着衣服边沿仔细选择衣服部分。执行"选择＞修改＞羽化"菜单命令,设置选区羽化半径为 2 像素。

图 9-25

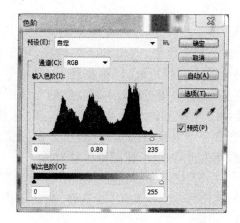

图 9-26

图 9-27

Step 05 执行"图像＞调整＞色相/饱和度"菜单命令,设置"色相/饱和度"如图 9-28 所示。此时衣服颜色调整为如图 9-29 所示。按下【Ctrl＋D】快捷键,取消选区选择。

图 9-28

图 9-29

Step 06 执行"图像＞调整＞曲线"菜单命令,设置"曲线"如图 9-30 所示。最终效果 如图 9-31 所示。

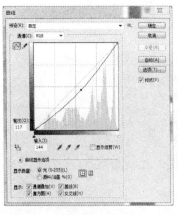

图 9-30　　　　　　　　　　　　　　　　　　图 9-31

9.2.6　"色彩平衡"命令

　　色彩平衡是指图像整体的颜色平衡效果。使用"色彩平衡"命令,可以在图像原色的基础上根据需要添加其他颜色,或通过增加某种颜色的补色,以减少该颜色的数量,从而改变图像的色调,达到纠正图像中明显的偏色问题的效果。

　　打开需要调整的图像,执行"图像＞调整＞色彩平衡"菜单命令或按下快捷键【Ctrl＋B】,弹出"色彩平衡"对话框,如图 9-32 所示。

　　在"色彩平衡"栏中,在"色阶"后的数值框中输入数值,即可调整 RGB 三原色到 CMYK 色彩模式之间对应的色彩变化,其取值为－100～100。同时,也可直接用鼠标拖动数值框下方 3个滑杆中滑块的位置来调整图像的色彩。在"色彩平衡"栏中,包括了阴影、中间调和高光 3个单选按钮。点选某一个单选按钮,就可对相

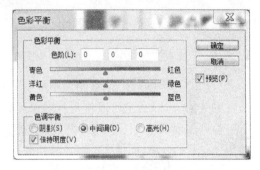

图 9-32

应色调的像素进行调整。若勾选"保持明度"复选框,当调整色彩时将保持图像亮度不变。

【课堂制作 9.6】　巧用色彩平衡调出绝美风景照

　Step 01　　打开"第九章\素材\风景.jpg"图像文件,按【Ctrl＋J】键复制一层。

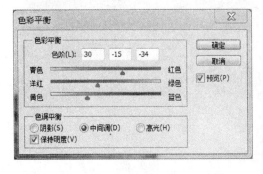

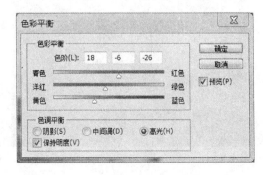

图 9-33　　　　　　　　　　　　　　　　　　图 9-34

Step 02 执行"图像＞调整＞色彩平衡"菜单命令,参数设置如图 9-33、图 9-34 和图 9-35 所示,确定后完成最终效果,如图 9-36 所示。

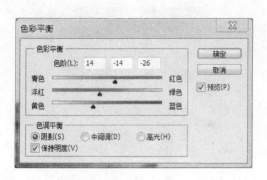

图 9-35

图 9-36

9.3 特殊色彩调整命令

在对图像的基本调整命令有所掌握后,还可以对"反相""色调分离""色调均化""渐变映射""阈值"命令以及"变化"命令等一些较为特殊的色彩调整命令进行了解和运用,从而帮助读者对图像进行更大程度上的颜色调整,让照片或图像效果更独特。

9.3.1 "反相"命令

"反相"命令的原理是将图像中的所有颜色替换为相应的补色,从而让图像呈现出类似负片的效果。当然,也可以将负片效果还原为图像原来的色彩效果。

打开需要调整的图像,执行"图像＞调整＞反相"菜单命令或按下快捷键【Ctrl＋I】即可。使用"反相"命令后,图像中的蓝色将被替换为橙黄色,白色将替换为黑色,绿色将替换为洋红。

【课堂制作 9.7】 反相命令的应用

Step 01 打开"第九章\素材\落日.jpg"图像文件,如图 9-37 所示。

Step 02 复制"背景"图层,生成"背景 副本"图层,执行"图像＞调整＞反相"菜单命令,如图 9-38 所示。

图 9-37

图 9-38

Step 03 使用"椭圆选框工具" ⬭ ,选择黑色的太阳的圆形选区。

Step 04 执行"图像>调整>色阶"菜单命令,弹出"色阶"对话框,选择红通道,将输出色阶的黑色滑块向右拖移一段距离,如图 9-39 所示,这样可在选区内增加较多的红色成分,效果如图 9-40 所示。

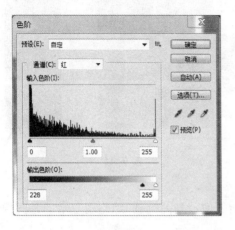

图 9-39

图 9-40

Step 05 选择绿通道,设置"输入色阶"为 1.00,"输出色阶"为 60,设置如图 9-41 所示,最终效果如图 9-42 所示。

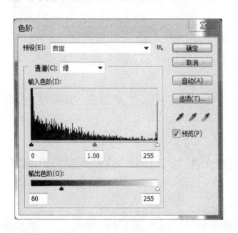

图 9-41

图 9-42

9.3.2 "变化"命令

"变化"命令是一个非常简单直观的调色命令,只需要单击它的缩略图即可调整图像的色彩、饱和度和明度,同时还可以预览调色的整个过程。

打开一张图像,如图 9-43 所示。执行"图像>调整>变化"菜单命令,弹出"变化"对话框,如图 9-44 所示。

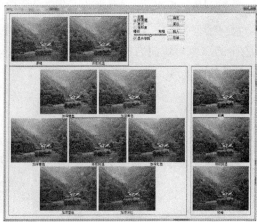

图 9-43   图 9-44

变化对话框重要参数和选项介绍：

原稿/当前挑选："原稿缩略图"显示的是原始图像；"当前挑选"缩略图显示的是图像调整结果。

阴影/中间调/高光：可以分别对图像的阴影、中间调和高光进行调节。

饱和度：专门用于调节图像的饱和度。点选该选项后，在对话框的下面会显示出"较亮""当前挑选"和"较暗"3个缩略图，单击"较亮"缩略图可以减少图像的饱和度，单击"较暗"缩略图可以增加图像的饱和度。

显示修剪：勾选"显示修剪"选项，可以警告超出了饱和度范围的最高限度。

精细－粗糙：该选项用来控制每次进行调整的量。特别注意，每移动一个滑块，调整数量会双倍增加。

各种调整缩略图：单击相应的缩略图，可以进行相应的调整，比如单击"加深蓝色"缩略图可以应用一次加深蓝色效果。

【课堂制作9.8】 用变化制作四色风景图像

Step 01   打开"第九章\素材\风景1.jpg"图像文件，按【Ctrl＋R】快捷键打开标尺，并建立如图9-45所示的参考线。

图 9-45   图 9-46

Step 02   单击"矩形选框工具" 选择左上角区域，执行"图像＞调整＞变化"菜单命

令,弹出"变化"对话框,然后单击三次"加深红色"缩略图,将加深三个色阶,效果如图 9-46
所示。

Step 03　选择右上角区域,继续执行"图像＞调整＞变化"菜单命令,在弹出"变化"对
话框中,先点"原稿"恢复原状,然后单击"加深蓝色"和"加深青色"。

Step 04　对下方两个选区执行不同的"变化"命令,改变颜色和亮度,最后效果如
图 9-47 所示。

图 9-47

9.3.3　"色调分离"命令

"色调分离"命令较为特殊,在一般的图像调色处理中使用频率不是很高,但使用它能
将图像中有丰富色阶渐变的颜色进行简化,从而让图像呈现出木刻版画或卡通画的效果。

打开需要调整的图像,执行"图像＞调整＞色调分离"菜单命令,弹出"色调分离"对话
框,如图 9-48 所示。

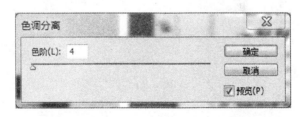

图 9-48

拖动滑块调整参数,其取值范围在 2～255 之间,数值越小,分离效果越明显,经过调整
的图像呈现出明显的颜色块状效果。

【课堂制作 9.9】　制作手绘效果

Step 01　打开"第九章\素材\小紫花.jpg"图像文件,如图 9-49 所示。

Step 02　执行"图像＞调整＞反相"菜单命令,产生负片效果。

Step 03　单击"矩形选框工具"　,选中图像的右半部分。

Step 04　执行"图像＞调整＞色调分离"菜单命令,设置参数"色阶"为 3。这样右半部

分形成手绘效果，如图 9-50 所示。

图 9-49   图 9-50

9.3.4 "阈值"命令

"阈值"命令的原理是将灰度模式或其他彩色模式的图像转换为高对比度的黑白效果图像。通过指定某个色阶作为阈值，比阈值亮的像素转换为白色，而比阈值暗的像素转换为黑色。

"阈值"命令常用于需要将图像转换为黑白效果的操作中，可将一些图像转换为手绘速写的效果。

打开需要转换的图像，执行"图像＞调整＞阈值"菜单命令，弹出"阈值"对话框，如图 9-51 所示。拖动滑块调整参数，此时可以看到调整后的图像呈现出快速手绘的效果。

图 9-51

9.3.5 "渐变映射"命令

"渐变映射"命令的原理是在图像中将阴影映射到渐变填充的一个端点颜色，高光映射到另一个端点颜色，而中间调映射到两个端点颜色之间。使用"渐变映射"命令，可以将相等的图像灰度范围映射到指定的渐变填充色。

打开需要调整的图像，执行"图像＞调整＞渐变映射"菜单命令，弹出"渐变映射"对话框，如图 9-52 所示。

图 9-52

渐变映射对话框重要选项介绍：

灰度映射所用的渐变：单击下面的渐变条，打开"渐变编辑器"对话框，在该对话框中可以选择或重新编辑一种渐变应用到图像上。

仿色：勾选该选项以后，Photoshop 会添加一些随机的杂色来平滑渐变效果。

反向：勾选该选项以后，可以反转渐变的填充方向。

9.4　高级色彩调整命令

9.4.1　阴影/高光

"阴影/高光"命令可以基于阴影/高光中的局部相邻像素来校正每个像素，在调整阴影区域时，对高光区域的影响很小；而调整阴影区域时，对阴影区域的影响很小。打开需要调整的图像，单击"图像>调整>阴影/高光"菜单命令，弹出"阴影/高光"对话框，如图 9-53 所示。下面对其中一些选项进行介绍。

图 9-53

阴影："数量"选项用来控制阴影区域的亮度，值越大，阴影区域就越亮；

高光："数量"选项用来控制高光区域的黑暗程度，值越大，高光区域就越暗。

【课堂制作 9.10】　用"阴影/高光"调整工具校正和修复过度曝光照片和逆光照片。

Step 01　打开"第九章\素材\曝光过度照片.jpg"图像文件，如图 9-54 所示。

图 9-54

图 9-55

Step 02　执行"图像＞调整＞阴影/高光"菜单命令,设置"阴影"数量为 0,"高光"数量为 60％,如图 9-55 所示,调整后效果如图 9-56 所示。

Step 03　打开"第九章\素材\逆光照片.jpg"图像文件,如图 9-57 所示。

Step 04　执行"图像＞调整＞阴影/高光"菜单命令,弹出对话框,设置"高光"数量为 0,向右拉动阴影滑块至适合,设置如图 9-58 所示,调整后效果如图 9-59 所示。

图 9-56　　　　　　　　　　　　　　图 9-57

图 9-58　　　　　　　　　　　　　　图 9-59

9.4.2　可选颜色

"可选颜色"命令是一个很重要的调色命令,它可以在图像中的每个主要原色成分中更改印刷色的数量,也可以有选择地修改任何主要颜色中的印刷色数量,并且不会影响其他主要颜色。打开一张图像,执行"图像＞调整＞可选颜色"菜单命令,打开"可选颜色"对话框,如图 9-60 所示。

可选颜色对话框重要选项与参数介绍:

颜色:在下拉列表中选择要修改的颜色,然后在下面的颜色进行调整,可以调整该颜色中青色、洋红、黄色

图 9-60

和黑色所占的百分比。

　　方法：选择"相对"方式，可以根据颜色总量的百分比来修改青色、洋红、黄色和黑色的数量；选择"绝对"方式，可以采用绝对值来调整颜色。

【课堂制作 9.11】　用可选颜色调出照片潮流色调

　Step 01　打开"第九章\素材\美女 2.jpg"图像文件，单击"调整"面板创建一个"可选颜色"调整层，如图 9-61 所示。

　Step 02　对"红"色进行调整，然后对"黄""绿"色分别进行调整，调到你认为满意为止。参数设置如图 9-62、图 9-63 和图 9-64 所示，调整后效果如图 9-65 所示。

图 9-61

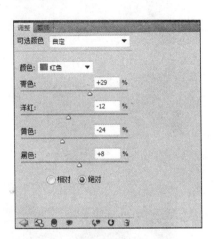

图 9-62

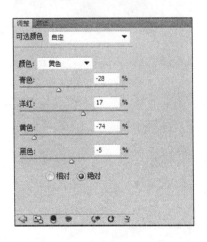

图 9-63

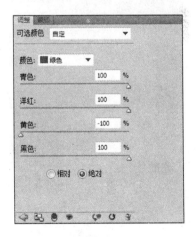

图 9-64

　Step 03　由于婚纱是白的，所以有必要也调下白色，"青色"调整为－10％，提高婚纱的纯度。如图 9-66 所示。

　Step 04　再调下"中性色"和"黑"色，增加点层次感。中性色中黑色比例调整为－10％。黑色中黑色的比例调整为 15％。如图 9-67 和图 9-68 所示。

　Step 05　到这步调色已经结束，有人会发现肤色也跟着图面的色调在改变。如果要还原肤色也很简单，选中"选取颜色"调整层旁的蒙版，用黑色画笔在人物脸部和皮肤上涂抹。画笔硬度和不透明度设低点。如图 9-69 和图 9-70 所示。

图 9-65

图 9-66

图 9-67

图 9-68

图 9-69

Step 06　最后单击"调整"面板创建一个"色阶"调整层调整图像的明暗。调整参数如图 9-71 所示。最后效果如图 9-72 所示。

图 9-70

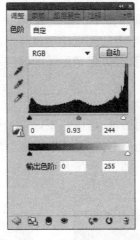

图 9-71

图 9-72

9.4.3 曝光度

"曝光度"命令专门用于调整 HDR 图像的曝光效果,它通过在线性颜色空间执行计算而得出曝光效果。

打开一张图像,执行"图像>调整>曝光度"菜单命令,弹出"曝光度"对话框,如图 9-73 所示。

曝光度对话框重要选项与参数介绍:

预设:系统预设了 4 种曝光效果,分别是"减1.0""减 2.0""加 1.0"和"加 2.0"。

曝光度:向左拖动滑块,可以降低曝光效果。向右拖动滑块,可以增强曝光效果。

位移:该选项主要对阴影和中间调起作用,可以使其变暗,但对高光基本不会产生影响。

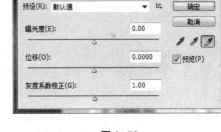

图 9-73

灰度系数校正:使用一种乘方函数来调整图像灰度系数。

9.4.4 照片滤镜

"照片滤镜"可以模仿在相机镜头前面添加彩色滤镜的效果,以便调整镜头传输的光的色彩平衡、色温和胶片曝光。"照片滤镜"允许选取一种颜色将色相调整应用到图像中。打开一张图像,执行"图像>调整>照片滤镜"菜单命令,弹出"照片滤镜"对话框,如图 9-74 所示。

照片滤镜对话框重要选项与参数介绍:

使用:在"滤镜"下拉列表中可以选择一种预设的效果应用到图像中;如果要自己设置滤镜的颜色,

图 9-74

可以勾选"颜色"选项,然后在后面设置颜色。

浓度:设置滤镜颜色应用到图像中的颜色百分比。数值越大,应用到图像中的颜色浓度就越高;数值越小,应用到图像中的颜色浓度就越低。

保留明度:勾选该选项以后,可以保留图像的明度不变。

9.4.5　去色

"去色"命令(该命令没有对话框)可以将图像中的颜色去掉,使其成为灰度图像。打开一张图像,如图 9-75 所示,执行"图像＞调整＞去色"菜单命令或按【Shift＋Ctrl＋U】快捷键,可以将其调整为灰度效果。如图 9-76 所示。

图 9-75

图 9-76

9.4.6　黑白命令

"黑白"命令可把彩色图像转换为黑色图像,同时可以控制每一种色调的量。另外,"黑白"命令还可以为黑白图像着色,以创建单色图像。打开一张图像,执行"图像＞调整＞黑白"菜单命令,弹出"黑白"对话框,如图 9-77 所示。

黑白对话框重要选项与参数介绍:

预设:在"预设"下拉列表中提供了 12 种黑色效果,可以直接选择相应的预设来创建黑白图像。

颜色:这 6 个选项用来调整图像中特定颜色的灰色调。例如,向左拖动"红色"滑块,可以使红色转换而来的灰度色变暗。向右拖动,则可以使灰度色变亮。

色调/色相/饱和度:勾选"色调"选项,可以为黑色图像着色,以创建单色图像,另外还可以调整单色图像的色相和饱和度。

图 9-77

【课堂制作 9.12】　用黑白调出浪漫老照片

Step 01　打开"第九章\素材\情侣.jpg"图像文件。

Step 02　执行"图像＞调整＞黑白"菜单命令,弹出"黑白"对话框,然后勾选"色调"选项,直接将图像转换为浅黄色的单色图像,如图 9-78 所示。

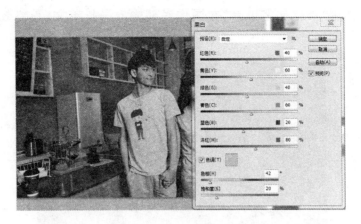

图 9-78

Step 03　执行"滤镜＞杂色＞添加杂色"菜单命令,然后在弹出的"添加杂色"对话框中设置"数量"为 12.5%、"分布"为"平均分布",如图 9-79 所示。

图 9-79

Step 04　按【Ctrl＋J】快捷键将"背景"图层复制一层,然后执行"编辑＞描边"菜单命令,弹出"描边"对话框,接着设置"宽度"为 20px,"颜色"为浅黄色(R:238,G:230,B:217),"位置"为"内部",如图 9-80 所示。

图 9-80

Step 05　使用"横排文字工具"在图像底部输入一排英文,最终效果如图 9-81 所示。

图 9-81

9.4.7　替换颜色

"替换颜色"命令可以将选定的颜色替换为其他颜色,颜色替换是通过更改选定颜色的色相、饱和度和明度来实现的。打开一张图像,执行"图像>调整>替换颜色"菜单命令,弹出"替换颜色"对话框,如图 9-82 所示。

替换颜色对话框重要工具、选项与参数介绍:

吸管:使用"吸管工具"在图像上单击,可以选中单击点处的颜色,同时在"选取"缩略图中也会显示出选中的颜色区域(白色代表选中的颜色,黑色代表未选中的颜色)。使用"添加到取样"在图像上单击,可以将单击点处的颜色添加到选中的颜色中,使用"从取样中减去"在图像上单击,可以将单击点处的颜色从选定的颜色中减去。

本地化颜色簇:该选项主要用来在图像上选择多种颜色。同时调整多种颜色的色相、饱和度和明度。

颜色:显示选中的颜色。

颜色容差:该选项用来控制选中颜色的范围。数值越大,选中的颜色范围就越广。

选取/图像:选择"选区"方式,可以以蒙版的方式进行显示,其中白色表示选中的颜色,黑色表示未选中的颜色,灰度表示只选中了部分颜色。

色相/饱和度/明度:这 3 个选项与"色相/饱和度"命令的 3 个选项相同,可以调整选定颜色的色相、饱和度和明度。

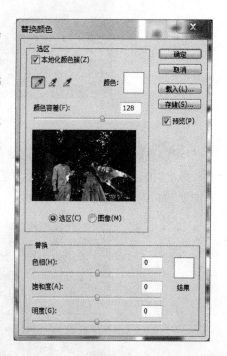

图 9-82

【课堂制作 9.13】 用替换颜色制作漫天红叶

Step 01 打开"第九章\素材\婚纱.jpg"图像文件。

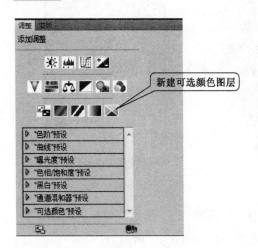

图 9-83

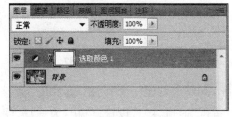

图 9-84

Step 02 首先将人物的礼服调整得更白一些,创建一个"可选颜色"调整图层,如图 9-83 和图 9-84 所示。设置"颜色"为"白色","黄色"为−100%;设置"颜色"为"黄色","洋红"为−8%、"黄色"为−88%、"黑色"为−59%,如图 9-85 和图 9-86 所示。

图 9-85

图 9-86

Step 03 按【Ctrl+Alt+Shift+E】快捷键将可见图层盖印到一个新的图层中,命名为"换色"图层,然后执行"图像＞调整＞替换颜色"菜单命令,弹出"替换颜色"对话框,接着使用"吸管工具" 在绿叶上单击,最后设置"颜色容差"为 128、"色相"为−122,如图 9-87 所示。

Step 04 继续使用"添加到取样"在未被替换的绿色上单击,此时这些绿色将自动被替换成红色。如图 9-88 所示。

图 9-87   图 9-88

Step 05　创建一个"色相/饱和度"调整图层,如图 9-89 所示。然后在"调整"面板中选择"黄色"通道,接着设置"色相"为−16、明度为 32,如图 9-90 所示。

图 9-89   图 9-90

Step 06　创建一个"亮度/对比度"调整图层,如图 9-91 所示。然后在"调整"面板中设置"对比度"为 28,最终效果如图 9-92 所示。

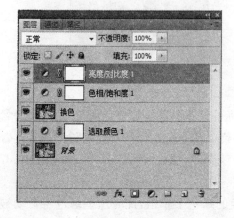

图 9-91   图 9-92

9.4.8　通道混合器

使用"通道混合器"命令可以对图像的某一个通道的颜色进行调整,以创建出各种不同色调的图像,同时也可以用来创建高品质的灰度图像。打开一张图像,执行"图像>调整>通道混合器"菜单命令,弹出"通道混合器"对话框,如图 9-93 所示。

通道混合器对话框重要选项与参数介绍:

预设:Photoshop 提供 6 种制作黑白图像的预设效果;单击"预设选项"按钮 ,可以对当前设置的参数进行保存,或载入一个外部的预设调整文件。

输出通道:在下拉列表中可以选择一种通道来对图像的色调进行调整。

源通道:用来设置源通道在输出通道中所占的百分比。将一个源通道的滑块向左滑动,可以减小该通道在输出通道中所占的百分比;向右拖动,则可以增加百分比。

图 9-93

总计:显示源通道的计数值。如果计数值大于 100%,则有可能会丢失一些阴影和高光细节。

常数:用来设置输出通道的灰度值,负值可以在通道中增加黑色,正值可以在通道中增加白色。

单色:勾选该选项后,图像将变成黑白效果。

【课堂制作 9.14】　用通道混合器调整图像色彩

Step 01　打开"第九章\素材\美女 3.jpg"图像文件,如图 9-94 所示。

Step 02　执行"图像>调整>通道混合器"菜单命令,弹出"通道混合器"对话框,设置"输出通道"为蓝,"蓝色"为 200%,按"确定"按钮,最后效果如图 9-95 所示。

图 9-94

图 9-95

9.4.9　匹配颜色

"匹配颜色"命令可以将图像(源图像)的颜色与另一个图像(目标图像)的颜色匹配起来,也可以匹配同一个图像中不同图层之间的颜色。打开两张图像,然后在第一张图像的文档窗口中执行"图像>调整>匹配颜色"菜单命令,弹出"匹配颜色"对话框,如图 9-96

所示。

匹配颜色对话框重要选项与参数介绍:

目标图像:这里显示要修改的图像的名称以及颜色模式。

应用调整时忽略选区:如果目标图像(即被修改的图像)中存在选区,勾选该选项,Photoshop 将忽视选区的存在,会将调整应用到整个图像;如果不勾选该选项,那么调整只针对选区内的图像。

图像选项:"明亮度"选项用来调整图像匹配的明亮程度;"颜色强度"选项相当于图像的饱和度,因此它用来调整图像的饱和度。"渐隐"选项有点类似于图层蒙版,它决定了源图像的颜色匹配到目标图像的颜色中的数量;"中和"选项主要用来去除图像中的偏色现象。

图 9-96

图像统计:"使用源选区计算颜色"选项可以使用源图像中的选区图像的颜色来计算匹配颜色;"使用目标选区计算颜色"选项可以使用目标图像中的选区图像的颜色来计算匹配颜色(注意,这种情况必须选择源图像为目标图像)。

"源"选项用来选择源图像,即将颜色匹配到目标图像的图像。

"图层"选项用来选择需要用来匹配颜色的图层。

"载入数据统计"和"存储数据统计"选项主要用来载入已存储的设置与存储当前的设置。

【课堂制作 9.15】 用匹配颜色制作奇幻色调

Step 01 打开"第九章\素材\咖啡.jpg",执行"选择>全选"菜单命令,然后执行"编辑>拷贝"菜单命令。然后打开"第九章\素材\帅哥 2.jpg"图像文件,执行"编辑>粘贴"菜单命令,得到"图层 1",如图 9-97 所示。

图 9-97

Step 02 选择"背景"图层,然后执行"图像>调整>匹配颜色"菜单命令,弹出"匹配颜色"对话框,接着设置"源"为"帅哥 2.jpg"图像、"图层"为"图层 1",最后设置"明暗度"为84、"颜色强度"为 100,"渐隐"为 27,如图 9-98 所示。

图 9-98

Step 03 隐藏"图层1",然后导入"第九章\素材\背景3.jpg"生成新的图层,命名为"图层2",并将其放置在图中的位置作为光效,如图9-99所示。接着设置"图层2"的"混合选项"为"线性减淡(添加)",效果如图9-100所示。

图 9-99

图 9-100

Step 04 使用"横排文字工具 T."在图像中输入一些文字,然后为文字图层添加"内发光""渐变叠加"和"描边"样式,如图9-101所示,完成后效果如图9-102所示。

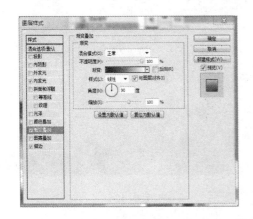

图 9-101

图 9-102

Step 05 创建一个"曲线"调整图层,然后在"调整"面板中调节好曲线的形状,最终效果如图 9-103 所示。

图 9-103

【课堂制作 9.16】 综合运用图像调整命令调出伤感的青色调

Step 01 打开"第九章\素材\蘑菇.jpg"图像文件,选择"套索"工具,选取蘑菇顶部的苍蝇,按【Delete】键,按"内容识别"填充把苍蝇去掉,如图 9-104 所示。

图 9-104

Step 02 设置前景色为青色:♯38bacd,背景色为白色,创建"渐变映射"调整图层,如图 9-105 所示。确定后把图层混合模式改为"柔光"。

图 9-105

图 9-106

Step 03 按【Ctrl+J】键把当前"渐变映射"调整图层复制一层,加强强度,如图 9-106

所示。

Step 04 渐变映射的色调还不够强,我们在"调整"面板中创建"色相/饱和度"调整图层,对全图进行调整,参数设置:"色相"为－5,"饱和度"为50,"明度"为－5,加强色彩的浓度,如图9-107所示。

图 9-107

Step 05 新建一个图层,按【Ctrl＋Alt＋Shift＋E】键盖印图层。把混合模式改为"柔光",使照片产生一种朦胧的效果。

Step 06 创建"曝光度"调整图层,调整照片的色彩对比,参数设置:"曝光度"为0.1,"位移"为－0.0120,"灰度系数校正"为0.91,效果如图9-108所示。

图 9-108

Step 07 强度还不够,创建曲线调整图层,继续加强全图对比度,参数设置:"输出"为188,"输入"为176,效果如图9-109所示。

图 9-109

Step 08 新建一个图层，按【Ctrl＋Alt＋Shift＋E】键盖印图层图层。混合模式改为"滤色"，图层不透明度改为：40％，添加图层蒙版，用黑色柔角画笔（画笔大小71，不透明度30％）擦去不需要的部分，效果如图9-110所示。

图 9-110

Step 09 新建一个图层，填充白色，把前景和背景颜色恢复到默认的黑白。执行"滤镜＞杂色＞添加杂色"菜单命令，数值为95。

Step 10 执行"滤镜＞模糊＞动感模糊"，角度为75，距离为34。

Step 11 设置图层的混合模式为"滤色"，图层不透明度改为：80％，按【Alt】键添加图层蒙版，把前景色设置为白色，用白色柔角画笔（画笔大小71，不透明度30％），擦掉不需要的部分，效果如图9-111所示。

图 9-111

Step 12 把背景图层复制一层,并置顶,图层不透明度改为 20%。

Step 13 创建色彩平衡调整图层,对阴影、中间调、高光进行调整,参数设置如图 9-112、图 9-113 和图 9-114 所示,完成最终效果如图 9-115 所示。

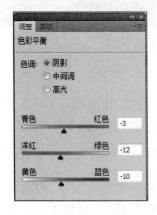
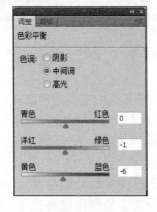
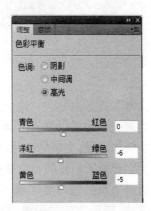

图 9-112   图 9-113   图 9-114

图 9-115

10 文字与蒙版

　　文本工具是由一组与输入文字有关的工具选项组成的。在图像处理中为什么要进行文字处理呢？如果仅仅有图像而没有文字，在表达上未免"涵韵有余"而"灵气不足"。随着现代文明的发展，文字的作用已经不仅仅限于传递信息了，设计师对文字外形的重新塑造也使文字带给人们新的视觉感受。

　　通过本章的学习要了解并掌握文字的功能与特点，快速地掌握点文字、段落文字的输入方法、变形文字的设置、路径文字的制作以及应用，对图层操作、制作多变图像效果的技巧。

课堂学习目标

了解文字的作用
掌握文字工具的使用方法
掌握文字特效制作方法及相关技巧
了解蒙版的特点及类型
掌握快速蒙版、剪贴蒙版、矢量蒙版的使用方法

10.1　输入文本

　　要在 Photoshop 中创建文本，必须使用工具箱中的"文字工具"。在 Photoshop 中可以从如图 10-1 所示的 4 种创建文字工具中选择其中的一种，创建符合需要的文字。

10.1.1　输入横排文本

　　在文本的排列方式中，横排是最常用的一种方式，"横排文字工具"可以用来输入横向排列的文本。单击工具面板中的"横排文字工具"，调出"横排文字工具"的选项栏，位于菜单栏的下方，如图 10-2 所示。

图 10-1

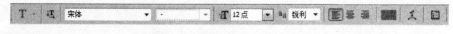

图 10-2

各文字工具选项的名称及功能如下所述：
：切换文本方向，选中文本以后，单击此按钮，可以改变文本的方向。如果当前使用

的是"横排文字工具"　输入的文字,选中文本后,单击此按钮,可以将横向排列的文字更改为直向排列的文字。

　　　　　　　:设置字体系列,在下拉列表中选择合适的字体。

　　　　　　　:设置字体样式,在下拉列表中选择合适的字体样式,包含 Regular(规则)、Italic(斜体)、Bold(粗体)和 Bold Italic(粗斜体)。

　　　　　　　:设置字体大小,在下拉列表中选择合适的字号。

　　　　　　　:设置消除锯齿的方法,为文字指定一种消除锯齿的方式。选择"无"方式时,Photoshop 不会消除锯齿;选择"锐利"方式时,文字的边缘就最为锐利;选择"犀利"方式时,文字的边缘比较锐利;选择"浑厚"方式时,文字会变粗一些;选择"平滑"方式时,文字的边缘会非常平滑。

　　　　　　　:设置文本对齐方式,选择文本以后,单击所需要的对齐按钮,就可以使文本按指定的方式对齐。如果当前使用的是"直排文字工具",那么对齐按钮分别会变成　　　　　　　,分别为"顶对齐文本"按钮、"居中对齐文本"按钮和"底对齐文本"按钮。

　　　　　　　:设置文本颜色,输入文本时,文本颜色默认为前景色。如果要更改文本颜色,单击"设置文本颜色"　　按钮,在弹出的"拾色器"对话框中选择文字颜色。

　　　　　　　:创建文字变形,设置文本的变形效果。

　　　　　　　:切换字符和段落面板。

【课堂制作 10.1】　输入横排文本

Step 01　新建文件,背景为白色。

Step 02　在工具箱中选"横排文字工具"　,在"横排文字工具"的选项栏中设置"字体"为"华文琥珀"、"字体大小"为"72 点"、"消除锯齿方式"为"平滑"、"左对齐文本"、"文本颜色"为"红色"。如图 10-3 所示。

图 10-3

Step 03　在页面中单击鼠标左键插入一个文本光标,然后在光标后输入文字"EASY",单击工具选项栏后侧出现的"提交所有当前编辑"按钮,确认输入的文字,并创建了一个文字图层,如图 10-4 所示。

图 10-4

图 10-5

10.1.2 输入直排文本

创建直排文本的操作方法与创建横排文本相同。在工具箱中单击"横排文字工具"IT 片刻,在隐藏工具中选择"直排文字工具"T,然后在页面中单击并在光标后输入文字,文本呈竖向排列,如图 10-5 所示。

10.1.3 转换横排文本与直排文本

虽然使用"横排文字工具"T 只能创建水平排列的文字,使用"直排文字工具"IT 只能创建垂直排列的文字,但在需要的情况下,用户可以互相转换这两种文本的显示方向。

执行下列操作中的任意一种,即可改变文字方向:

- 单击工具选项栏中的"切换文本取向"按钮 IT 。
- 执行"图层>文字>水平"菜单命令或者"图层>文字>垂直"菜单命令。

【课堂制作 10.2】 改变文本方向

Step 01 打开"第十章\素材\七夕.jpg"图像文件。

Step 02 在工具箱中选择"横排文字工具"T,在"横排文字工具"选项栏中设置文字的参数选项,如图 10-6 所示。

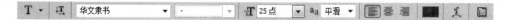

图 10-6

Step 03 在页面中输入文字"盈盈一水间,脉脉不得语"。选择工具箱中的"移动工具" ,将文字移至合适的位置,如图 10-7 所示。

Step 04 选择要改变方向的文本,如图 10-8 所示,单击文本工具选项栏中"切换文本取向" IT 按钮,即可改变文字方向,选择工具箱中的"移动工具" ,将文字移至合适的位置,最终效果如图 10-9 所示。

图 10-7

图 10-8

图 10-9

Photoshop 无法转换一行或一列文字中的某一个或某几个文字，同样也无法转换一段文字中的某一行或某几行文字，只能对整段文字进行转换操作。

10.1.4　输入点文本

点文字是一类不会自动换行的文本，行的长度随文字的输入而不断增加，也是在 Photoshop 中使用最为广泛的一类文字。

输入点文字可以按下面的步骤操作：

Step 01　在工具箱中选择"横排文字工具" T 或"直排文字工具" IT 。

Step 02　用鼠标左键在图像页面中单击，出现文本输入的插入点。

Step 03　设置各文本选项（如：字体、颜色等），输入需要书写的文字，单击"提交所有当前编辑"按钮 ✔ 确认。

10.1.5　输入段落文本

段落文字是在文本框内输入的文字，当用户改变文本框大小时，文本框内的段落文字会自动换行。如果输入的文本需要划分段落，可以按【Enter】键进行操作，还可以对文本框进行旋转、拉伸等操作。

【课堂制作 10.3】　添加段落文本

Step 01　打开"第十章\素材\七夕.jpg"图像文件。

Step 02　在工具箱中选择"横排文字工具" T ，在"横排文字工具"选项栏中设置文字的参数选项，字体为"华文隶书"，大小为"25"点，字体颜色为"黑色"。

Step 03　按住鼠标左键不放，拖曳鼠标在图像窗口中创建一个文本框，如图 10-10 所示。

Step 04　在插入点处输入文字"纤云弄巧，飞星传恨，银汉迢迢暗渡。金风玉露一相逢，便胜却人间无数"。如图 10-11 所示。最后单击"提交所有当前编辑"按钮 ✔ 确认。

图 10-10

图 10-11

10.1.6　编辑段落文本的文本框

输入段落文字后如有需要还可以对文本框进行编辑。将鼠标置于文本框的控制点上，通过改动这些控制点来对文本框进行自由变换，这与前面讲的"自由变换"命令类似。

我们可以改变文本框的大小、旋转文本框以及改变文本框的倾斜角度。

10.1.7　段落文本与点文字的转换

根据需要可以互相转换段落文字和点文字,转换时执行"图层＞文字＞转换为点文本"菜单命令或者执行"图层＞文字＞转换为段落文本"菜单命令即可。

10.1.8　输入蒙版文本

选择"横排文字蒙版工具" ,在图像中单击并输入文本,即可得到横排蒙版文本。蒙版文本不会单独创建一个新图层,而是将用户输入的文本在当前图层中创建为选区,其显示方式以闪动的虚线来表现,与普通选区无区别。在文本选区中,可以进行填充、描边、移动、缩放等操作。

直排蒙版文本是由"直排文字蒙版工具" 创建的,与"横排文字蒙版工具" 的操作一样,区别在于,"直排文字蒙版工具" 创建的文字蒙版为纵向排列的文字蒙版。

【课堂制作 10.4】　添加蒙版文本

Step 01　打开"第十章\素材\宇宙.jpg"图像文件。

Step 02　在工具箱中选择"横排文字蒙版工具" ,在"横排文字蒙版工具"选项栏中设置文字的参数选项,如图 10-12 所示,输入文字"唯美的宇宙",单击工具箱中"移动工具"后,如图 10-13 所示。

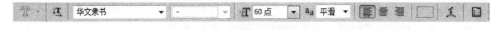

图 10-12

图 10-13

Step 03　设置前景色为蓝色(＃091ff1),按住【Alt＋Delete】键将文字选区填充前景色,如图 10-14 所示。

Step 04　执行"编辑＞描边"菜单命令,在弹出的"描边"对话框中设置"描边宽度"为"2px","描边颜色"为"红色(＃f9091a)",单击"确定"按钮完成描边操作,按【Ctrl＋D】键取消选区,最终效果如图 10-15 所示。

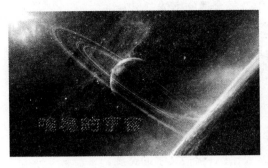

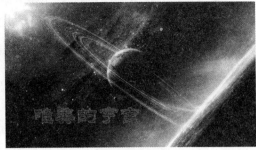

图 10-14 　　　　　　　　　　　　　　图 10-15

10.2　编辑文本

　　前面讲解的字体设置方法，都是在工具选项栏中定义的。如果要对文本进行更多的设置，使每一个或每一段文本都具有美丽的外观，就需要使用"字符"面板和"段落"面板。

10.2.1　字符面板

　　"字符"面板不仅提供了工具选项栏中相应的设置，对于点文本和段落文本，还可以指定文本行距、字距微调、文本水平和垂直缩放比例等字符属性。

　　在工具箱中选择"横排文字工具" ，在"横排文字工具"选项栏中单击"切换字符和段落面板"按钮 ，或者执行"窗口＞字符"菜单命令，即可调出"字符"面板，如图 10-16 所示，面板中各重要选项与参数介绍如下。

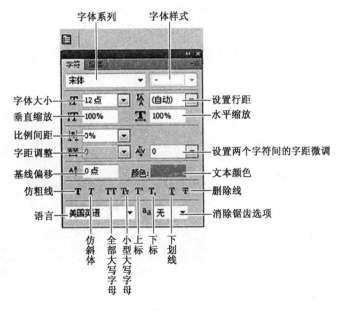

图 10-16

华文隶书 ▼ ：设置字体系列，在下拉列表中选择合适的字体。

- ▼ ：设置字体样式，在下拉列表中选择合适的字体样式。

60点 ▼ ：设置字体大小，在下拉列表中选择合适的字体大小或者在文本框中输入需要的字体大小，按【Enter】键确认。

(自动) ▼ ：设置行距，在下拉列表中选择行距或者在文本框中输入行距数值，按【Enter】键确认。

100% ：垂直缩放，在下拉列表中选择缩放比例，调整文字的高度。

100% ：水平缩放，在下拉列表中选择缩放比例，调整文字的宽度。

0% ▼ ：设置所选字符的比例间距，比例间距是按指定的百分比来减少字符周围的空间。因此，字符本身并不会被伸展或挤压，而是字符之间的间距被伸展或挤压了。

0 ▼ ：设置所选字符的字距调整，用于设置文本的字符间距。输入正值，字距扩大，输入负值，字距缩小。

0 ▼ ：设置两个字符间的字距微调，将光标置于两个需要微调字距的字符中间，在下拉列表中选择合适的字距微调数量或者在文本框内输入所需的字距微调数量。输入正值，字距扩大，输入负值，字距缩小。

0点 ：设置基线偏移，设置文字与文字基线之间的距离，输入正值，文字上移，输入负值，文字下降。

英国英语 ▼ ：设置文本连字符和拼写的语言类型，对所选字符进行有关连字符和拼写规则的语言设置。

平滑 ▼ ：设置消除锯齿的方法，可以选择无、锐利、犀利、浑厚和平滑五种消除锯齿的方法，通常情况下选择"平滑"。

【课堂制作 10.5】 设置文本垂直缩放比例

Step 01 打开"第十章\素材\宇宙.jpg"图像文件。

Step 02 在工具箱中选择"横排文字工具" T，在"字符"面板中设置字体系列、字体大小、字体颜色等参数，如图 10-17 所示。

图 10-17

图 10-18

Step 03 在光标后输入文字"唯美的宇宙"，如图 10-18 所示。

Step 04 选择"唯美"，在"字符"面板中设置"垂直缩放为 200％"，按【Enter】键确认，如图 10-19 所示。

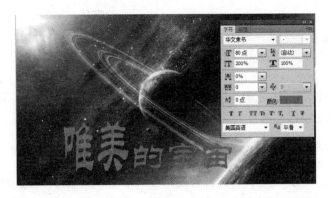

图 10-19

10.2.2　段落面板

段落是指末尾带有回车符的文本。对于点文字,每行即是一个单独的段落,对于段落文本,一段可能有多行,具体视文本框的尺寸而定。使用"段落"面板可以为文字图层中选定的单个段落、多个段落或者全部段落设置格式选项。

执行"窗口＞字符"菜单命令,调出"字符"面板,选择第二个选项卡"段落",即可调出"段落"面板,如图 10-20 所示,下面对"段落"面板中重要工具及参数详细介绍。

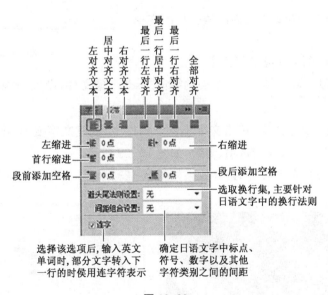

图 10-20

:单击其中的一种对齐方式,光标所在段落将以相应的方式对齐。

:在选项中输入数值可以设置段落左端/右端的缩进量。

首行缩进 :在选项中输入数值可以设置所选段落的第一行在左端的缩进量。

段前添加空格 :在选项中输入数值可以设置当前段落与上一段落之间的距离。

段后添加空格 ：在选项中输入数值可以设置当前段落与下一段落之间的距离。

避头尾法则设置： 无 ▼：不能出现在一行的开头或结尾的字符称为避头尾字符，有无、JIS宽松、JIS严格三个选项，选择 JIS 宽松或 JIS 严格时，可以防止在一行的开头或结尾出现不能使用的字符。

☑连字：勾选此选项后，在输入英文单词时，如果段落文本框的宽度不够，英文单词将自动换行，并在单词之间用连字符连接起来。

10.2.3 变形文字

输入文字以后，可以对文字进行各种变形操作。在文字工具的选项栏中单击"创建文字变形"按钮，打开"变形文字"对话框，如图 10-21 所示，在该对话框中设置变形文字的方式及其他参数选项来调整变形效果，重要选项介绍如下。

样式：在"样式"选项的下拉列表中选择文字的变形效果。

水平：选择此选项文本扭曲方向为水平方向。

垂直：选择此选项文本扭曲方向为垂直方向。

弯曲：设置文本的弯曲程度。

水平扭曲：用来设置水平方向的透视扭曲变形效果。

垂直扭曲：用来设置垂直方向的透视扭曲变形效果。

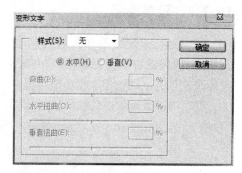

图 10-21

【课堂制作 10.6】 设置变形文字

Step 01 打开"第十章\素材\唯美的宇宙.psd"图像文件，设置"的宇宙"三个字与"唯美"垂直比例一样，即 200%。

Step 02 选择文字图层，单击文字工具选项栏中"创建文字变形"按钮，在弹出的"变形文字"对话框中设置相应选项、参数，如图 10-22 所示。

Step 03 单击"确定"按钮，最终效果如图 10-23 所示。

图 10-22

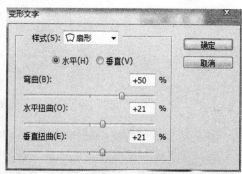

图 10-23

10.2.4　路径文字

可以将文字建立在路径上,文字会沿着路径排列。改变路径形状时,文字的排列方式也会随之发生改变。路径文字内容和格式的编辑与普通文字完全相同,但路径文字可以产生一种优雅而活泼的视觉效果。

【课堂制作 10.7】　沿路径创建文字

Step 01　新建文件,尺寸为 400 像素×400 像素,背景为白色。

Step 02　在工具箱中选择"自定形状工具" ，在属性栏中选择"路径" 。在形状面板中选择"心形",在工作区画一合适大小的心形。

Step 03　选择"横排文字工具" ，将光标定位在路径上,当显示 指示符的时候单击,此时路径上出现插入点,输入文字 LOVE,如图 10-24 所示。

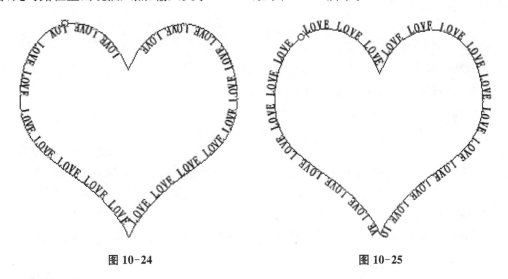

图 10-24　　　　　　　　　　　　　　　图 10-25

Step 04　选择路径选择工具 或直接选择工具 ,将光标置于路径文字上,当出现 指示符的时候单击并沿路径拖动文字,可改变文字在路径上的位置。若拖动时跨过路径,文字将翻转到路径的另一侧,如图 10-25 所示。

Step 05　使用"路径选择工具" 改变该路径的位置,或使用"直接选择工具" 调整路径的形状,文字也随着一起变化。

对于闭合路径,文字除了能够沿路径曲线排列外,还可以创建在路径区域内。

【课堂制作 10.8】　创建区域内的文字

Step 01　新建文件,尺寸为 300 像素×300 像素,背景为白色。

Step 02　在工具箱中选择"自定形状工具" ，在属性栏中选择"路径" 。在形状面板中选择"雨伞",创建雨伞路径,如图 10-26 所示。

Step 03　选择"横排文字工具" ,将光标停留在雨伞之内,当显示 指示符的时候在封闭路径内单击,输入文字内容,完成后的效果如图 10-27 所示。

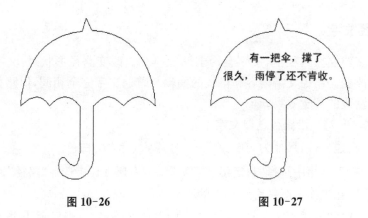

图 10-26   图 10-27

10.3 文字的转换

在 Photoshop 中输入文字后，Photoshop 会自动生成与文字内容相同的文字图层。由于 Photoshop 对文字图层的编辑功能有限，因此就需要将文字图层转换为普通图层，或将文字转换为路径、形状，下面分别进行介绍。

10.3.1 转换为普通图层

Photoshop 中的文字图层不同于普通的图层，虽然可以为文字图层添加图层样式，但不能直接对文字图层执行诸如绘画、调整色彩与色调、应用大多数滤镜等操作。因此，如果希望对文本进行复杂的处理，可以首先将文字图层栅格化，即将其转换为普通图层，使文本变为像素图像。

要栅格化文字图层，可在选中文字图层后，执行"图层＞栅格化＞文字"或"图层＞栅格化＞图层"菜单命令；或在文字图层上单击鼠标右键，从弹出的快捷菜单中选择"栅格化文字"命令即可，如图 10-28 所示。

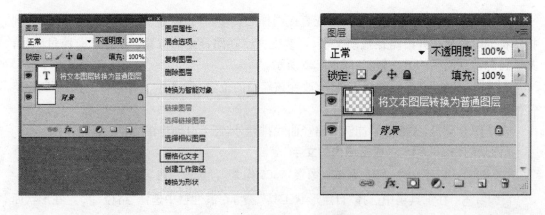

图 10-28

10.3.2 转换为路径

在 Photoshop CS5 中，可以直接将文字转换为路径，从而可以直接通过此路径进行描边、填充等操作，制作出特殊的文字效果。

【课堂制作 10.9】 制作刺猬字

Step 01 新建一个 16 厘米×12 厘米的文档，背景设置为白色，分辨率为 72 像素，RGB 颜色模式。

Step 02 在工具箱中选择"横排文字蒙版工具"，在"字符面板"中设置文字相关属性，如图 10-29 所示。

Step 03 在工具箱中选择"移动工具"，此时页面中有"刺猬"型选区。

Step 04 在"路径面板"中单击"从选区生成工作路径"按钮，将选区转换为路径，如图 10-30 所示。

Step 05 设置前景色为红色、背景色为蓝色。选择工具箱中的"画笔工具"，在选项栏中设置画笔为"星形 55 像素"，如图 10-31 所示。

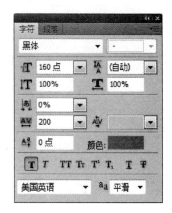

图 10-29

图 10-30

图 10-31

Step 06 按【F5】键调出"画笔调板"，设置画笔笔尖形状及颜色动态，各参数设置如图 10-32 所示。

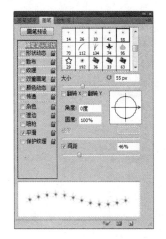
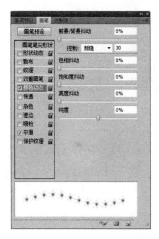

图 10-32

Step 07 在"路径面板"中单击"用画笔描边路径"按钮 ⭕，刺猬字制作完成，如图 10-33 所示。

图 10-33

10.3.3 转换为形状

在平面设计中，经常需要对输入的文字进行变形编辑处理。选择文字图层，执行"图层＞文字＞转换为形状"菜单命令，或者选择文字图层，在图层名称上右击鼠标，在弹出的快捷菜单中选择"转换为形状"命令，都可以将文字图层转换为形状图层。使用工具箱中的"直接选择工具"对各锚点与调节点进行编辑处理，从而达到变形文字的目的，但必须注意的是，转换后的文字已不具备原有的文字属性。如图 10-34 所示。

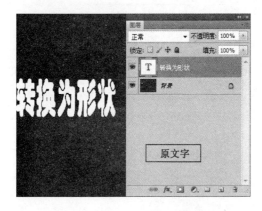

图 10-34

【课堂制作 10.10】 制作图案字

Step 01 新建一个 16 厘米×12 厘米的文档，背景设置为白色，分辨率为 72 像素，RGB 颜色模式。

Step 02 打开"第十章\素材\花.tif"图像文件，然后将背景图层转换为普通图层，如图 10-35 所示。

Step 03　在工具箱中选择"横排文字蒙版工具",字体设为"幼圆",大小设为"100"像素,在花上输入"图案字"三个字,单击选项栏上"提交所有当前编辑"按钮 ☑ ,如图 10-36 所示。

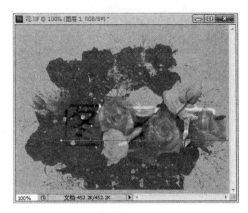

图 10-35 　　　　　　　　　　　　　　图 10-36

Step 04　执行"选择＞修改＞扩展"菜单命令,设置"扩展量"为 3 像素,如图 10-37 所示。

Step 05　选择工具箱中的"移动工具",将选区内图像移到新建的文件中,最终效果如图 10-38 所示。

图 10-37 　　　　　　　　　　　　　　图 10-38

10.4　蒙版

蒙版一词本身来自生活应用,例如:要求把图 10-39 所示图像文件左边的图案造型用红色喷漆喷到墙壁上,处理办法是什么呢?

先用一块板子盖在墙壁上,在板子上挖出图案造型,然后再喷漆,最后拿开板子。这样既不影响到墙壁的其他地方,使边缘清晰干净,又能更快更好地制作出图案造型。这个板子其实就是蒙版。

图 10-39

蒙版是一种遮盖工具，相当于喷绘时的挡板，就像是蒙在图像上用来保护图像的一层"膜"，可以分离和保护图像的局部区域。它通常存在于一幅图像内，或与一幅图像共同作用。

蒙版分为快速蒙版、剪贴蒙版、矢量蒙版和图层蒙版，它们都有各自的功能，下面将对这些蒙版进行详细讲解。

10.4.1 快速蒙版

在所选图像的背景较为复杂的情况下，通常无法使用创建选区的方式直接得到所需要的选区，此时就可以选择使用快速蒙版来完成选区的制作，其原理与使用 Alpha 通道制作选区基本相同。

快速蒙版的特色就在于它与绘图工具的结合。单击工具箱下方的"以快速蒙版模式编辑"按钮 回 或按快捷键【Q】进入快速蒙版编辑状态以后，如果画笔颜色为黑色，那么在图像中将得到红色的区域。红色区域表示未被选中的区域，非红色区域则表示选中的区域。

【课堂制作 10.11】 利用快速蒙版抠出荷花

Step 01 打开"第十章\素材\荷花.jpg"图像文件，双击"背景图层"，在弹出的"新建图层"对话框中单击"确定"按钮，如图 10-40 所示。

Step 02 按快捷键【Q】进入快速蒙版编辑状态，将前景色设为"黑色"，选择工具面板中的"画笔工具"，然后使用画笔工具在荷花上进行涂抹，直到红色完全覆盖荷花，如图 10-41 所示。

图 10-40   图 10-41

Step 03 按【Q】键退出快速蒙版编辑状态，得到选区如图 10-42 所示。

Step 04　按【Delete】键删除选区中的图像,此时荷花成功抠出,按【Ctrl＋D】键取消选区,效果如图 10-43 所示。

图 10-42

图 10-43

10.4.2　剪贴蒙版

剪贴蒙版可以用一个图层中的图像去控制处于它上层图像的显示形状及透明度的效果。通常起控制作用的图层称为基底图层,它处于剪贴蒙版的最底层;位于基底图层上方的图层统称为内容图层,基底图层只有一个,而内容图层可以有无限多个。

【课堂制作 10.12】　利用剪贴蒙版书写色谱字

Step 01　新建一个 16 厘米×12 厘米的文档,背景设置为"白色",分辨率为"72 像素","RGB"颜色模式。

Step 02　选择工具箱中的"横排文字工具"〖T〗,在选项栏中设置字体为"华文琥珀",大小为"71 像素",颜色为"黑色",设置消除锯齿方式为"平滑",输入文字"剪贴蒙版",如图10-44 所示。

Step 03　新建"图层 1",在工具箱中选择"渐变工具"〖 〗,然后在选项栏中单击"点按可编辑渐变"〖 〗,弹出渐变编辑器对话框,在预设中选择"色谱",单击"确定"按钮返回,在选项栏中选择"线性渐变",最后在文档中按住鼠标左键从左上角拉动至右下角,完成渐变操作,如图 10-45 所示。

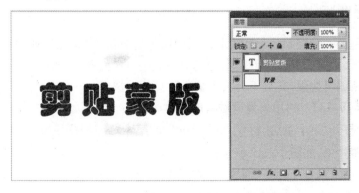
图 10-44

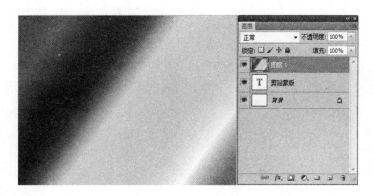

图 10-45

Step 04　将鼠标移动到图层 1 和文字图层中间，按住【Alt】键，可以发现鼠标形状变了，这时单击鼠标，创建剪贴蒙版，文字图层显示出来了，颜色变为"色谱"渐变色了，效果如图 10-46 所示。

图 10-46

其实我们可以认为剪贴蒙版需要两层图层，下层图层相当于底板，上层图层相当于用于填充的彩纸，我们创建剪贴蒙版就是把上层的彩纸贴到下层的底板上，下层底板是什么形状，剪贴出来的效果就是什么形状的。

10.4.3　矢量蒙版

矢量蒙版是另一种控制显示和隐藏图层中图像的方法，它是通过使用钢笔或形状工具创建出来的蒙版。它与图层蒙版相同，也是非破坏性的，也就是指在添加完矢量蒙版后还可以返回并重新编辑蒙版，并且不会丢失蒙版隐藏的图像。

【课堂制作 10.13】　利用矢量蒙版合成图片

Step 01　打开"第十章\素材\小萝莉.jpg"和"第十章\素材\星空.jpg"图像文件，将小女孩移至星空图片中，如图 10-47 所示。

Step 02　在工具箱中选择"钢笔工具"，在选项栏中选择"自由钢笔工具" ，勾选"磁性的" ，勾勒出小女孩的形状，如图 10-48 所示。

图 10-47

图 10-48

Step 03　执行"图层＞矢量蒙版＞当前路径"菜单命令,即可以基于当前路径为图层创建一个矢量蒙版,此时小女孩也抠出,隐藏路径,如图 10-49 所示。

Step 04　将当前图层的图层混合模式设置为"柔光",最终效果如图 10-50 所示。

图 10-49

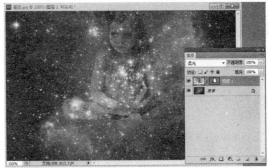

图 10-50

10.4.4　图层蒙版

图层蒙版是所有蒙版类型使用频率最高的一种,它可以用来显示和隐藏、合成图像等。其最大的特点是在显示或隐藏图像时,所有的操作都是在蒙版中进行的,不会影响图层中的像素。

图层蒙版可以理解为在当前图层上面覆盖了一层玻璃,玻璃有透明和不透明两种,透明玻璃显示全部图像,不透明玻璃隐藏部分图像。在 Photoshop 中,图层蒙版遵循"黑透、白不透"的工作原理。

【课堂制作 10.14】　利用图层蒙版制作图像

Step 01　打开"第十章\素材\冰块.jpg"图像文件,双击"背景图层",在弹出的"新建图层"对话框中单击"确定"按钮,将背景图层转换为普通图层,分别按【Ctrl＋A】键后,再按【Ctrl＋C】键复制图层,然后添加图层蒙版,如图 10-51 所示。

Step 02　按住【Alt】键点击白色的蒙版,进入蒙版编辑状态,然后再按【Ctrl＋V】键,把刚才复制的图层粘贴到图层蒙版中;现在可以看到,图层蒙版中有了一个和图层一样的图层，如图 10-52 所示。

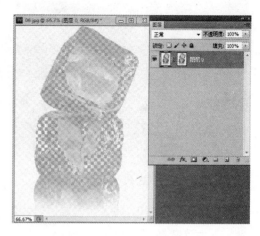

图 10-51

图 10-52

Step 03 用"钢笔工具"勾勒出冰块的外形，切换到"路径"面板，单击路径面板下方的"将路径作为选区载入"按钮，将路径转换成选区，执行"选择＞反向"菜单命令，填充黑色（注意：现在是在蒙版中填充，而不是图层），如图 10-53 所示。

Step 04 点击图层，可以看到冰块已经被抠出来了，为了效果更明显，添加蓝色背景，复制"图层 0"，最终效果如图 10-54 所示。

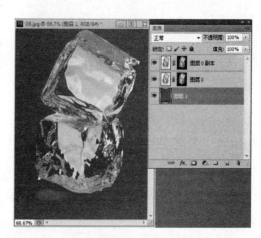

图 10-53

图 10-54

11 通道

本章针对通道的相关知识进行介绍。与学习图层的相关操作相同,以通道面板为载体,分别从通道的基本操作、分类以及通道的应用操作等几个方面对知识结构进行梳理。读者通过本章的学习,能对通道的知识有所掌握。

课堂学习目标

了解通道的分类及相关用途
掌握通道的基本操作方法
掌握如何使用通道调整图像的色调
掌握如何使用通道抠取图像

11.1 通道面板及相关操作

通道的概念与图层相似,也是用于存放图像的颜色信息和选区信息的一个版块。用户可以通过调整通道中的颜色信息改变图像的色彩,或对通道进行相应的编辑操作以调整图像或选区信息,以制作出与众不同的图像效果。

11.1.1 通道面板

在 Photoshop 中,每一个相对成熟的功能都有一个面板与其对应。执行"窗口>通道"菜单命令,即可显示"通道"面板。默认情况下,通道面板上没有通道。当打开一幅图像后,在"通道"面板中则展示以当前图像文件的颜色模式显示的相应通道,如图 11-1 所示。下面对"通道"面板中的按钮进行详细介绍:

(1)"指示通道可见性"图标 ：当面板中的图标为 形状时,则表示此时在图像窗口中显示该通道的图像。单击该图标,当图标变为 形状时,则表示隐藏该通道的图像,再次单击即可显示图像。

图 11-1

(2)"将通道作为选区载入"按钮 ：单击该按钮,可将当前通道快速转化为选区。

(3)"将选区存储为通道"按钮 ：单击该按钮,可将图像中的选区转换为一个蒙版的形式,将选区保存在新建的 Alpha 通道中。

(4)"创建新通道"按钮 ：单击该按钮,可创建一个新的 Alpha 通道。

（5）"删除当前通道"按钮 ：单击该按钮，可删除当前通道。

11.1.2 通道的创建

根据情况的不同，通道的创建可以分为创建空白通道和创建带选区的通道两种。

1）创建空白通道

空白通道是指创建的通道属于选区通道，但选区中没有图像等信息。创建新的通道可以帮助用户更加方便地对图像进行编辑。

创建方法有两种：一是通过单击按钮创建，即单击"通道"面板底部的"创建新通道"按钮 ，即可新建一个空白通道。新建的空白通道在图像窗口中显示为黑色，如图 11-2 所示。二是通过选择命令创建，单击"通道"面板中右上角的扩展 按钮，在弹出的菜单中选择"新建通道"命令，"新建通道"对话框如图 11-3 所示。在其中设置新通道的名称等参数后，单击"确定"按钮即可。

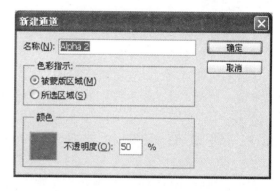

图 11-2   图 11-3

值得注意的是，当创建通道后，用户可根据需要对通道进行重命名操作，其方法与图层命名方法完全一样。另外，颜色通道的名称是系统自定的，不能重命名。

2）通过选区创建选区通道

选区通道是用于存放选区信息的，一般用于保存选区，用户可以在图像中将需要保留的图像创建为选区。打开"第十一章\素材\球.jpg"文件，用"磁性套索工具"选取蓝色的球体，如图 11-4 所示。在"通道"面板中单击"将选区存储为通道"按钮 创建通道；另外也可以执行"选择＞存储选区"菜单命令创建通道，如图 11-5 所示。将选区创建为新通道后，方便用户在后面的重复操作中快速载入选区。

图 11-4   图 11-5

11.1.3 复制通道

复制通道的方法与图层的复制方法基本一致。打开"第十一章\素材\桔梗.jpg"图像文件,在需要复制的通道上右击或单击"通道"面板中右上角的扩展 按钮,均会执行"复制通道"菜单命令,弹出如图 11-6 所示的"复制通道"对话框,单击"确定"按钮,即可复制通道。复制出的通道以其原有通道名称加上副本进行命名,"通道"面板如图 11-7 所示。此时图像效果显示为在蓝色通道下的灰度效果,如图 11-8 所示。

图 11-6

图 11-7

图 11-8

值得注意的是,默认情况下,复制通道还有快捷方式,选择需要复制的通道,将其拖动到"创建新通道"按钮 上,也可复制出副本通道。

11.1.4 删除通道

删除通道的方法与复制通道相似。选择需要删除的通道,将其拖动到"删除当前通道"按钮 上,即可删除该通道。值得注意的是,若此时删除的通道是通过复制或创建得到的,此时图像的颜色模式不会发生变化。若此时删除的通道为图像原有的通道,则此时图像的颜色模式将有所改变。打开"第十一章\素材\郁金香.jpg"图像文件,如图 11-9 和图 11-10 为原图像和删除"蓝"通道后的效果。

图 11-9 图 11-10

11.1.5 显示或隐藏通道

由于应用的不同,显示和隐藏通道可以分为两种情况:一种是针对原来通道进行显示和隐藏操作,另一种是在创建的 Alpha 通道中进行显示和隐藏操作。

1)在原有通道进行显示和隐藏操作

在图像原有通道中进行显示和隐藏操作,可以对图像效果进行不同的偏色显示。其方法比较简单,在"通道"面板中会显示图像自带的颜色通道,若要隐藏某个通道,只需单击该通道前的"指示通道可见性"图标 ,使其图标变为 ,则表示隐藏了该通道。打开"第十一章\素材\向日葵.jpg"文件,图 11-11 至图 11-13 分别为原图像和只隐藏"红"通道以及只隐藏"绿"通道图像的效果。

图 11-11 图 11-12 图 11-13

2)针对创建的 Alpha 通道进行显示和隐藏操作

打开"第十一章\素材\蝴蝶花.jpg"图像文件,选取蝴蝶花,单击"将选区存储为通道"按钮 。此时若显示 Alpha 1 通道,如图 11-14 所示,则在图像中显示选区内的图像,而选区外的图像则以 50％透明的红色进行遮盖,如图 11-15 所示。若隐藏 Alpha 1 通道,如图 11-16所示,此时图像保持原有效果不变,如图 11-17 所示。

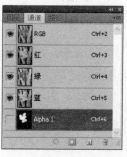

图 11-14 图 11-15 图 11-16 图 11-17

11.1.6　分离和合并通道

在 Photoshop 中,可以将颜色通道拆分为几个灰度的图像,也可以将拆分后的通道进行全部组合或选择性地将部分通道组合,这就是我们常说的分离通道和合并通道,下面分别进行详细的介绍。

分离通道是将通道中的颜色或选区信息分别存放在不同的独立灰度模式的图像中。分离通道后,可对单个通道中的图像进行操作,常用于无须保留通道的文件格式而保存单个通道信息等情况。

分离通道的操作比较简单,打开"第十一章\素材\三色球.tif"图像文件,如图 11-18 所示,此时在"通道"面板中即可对其颜色模式进行查看。在"通道"面板中单击右上角的扩展按钮，在弹出的菜单中选择"分离通道"菜单命令,此时软件自动将图像分离为 3 个灰度图像。这里将 3 个图像并排放置,以便读者能一目了然地对灰度图像的效果进行查看,如图 11-19所示。

图 11-18

图 11-19

在对图像进行分离通道操作后,分离后的图像分别以图像名称＋文件格式＋R、G、B 的名称显示。值得注意的是,未合并的 psd 格式的图像文件无法进行分离通道的操作。

对图像进行分离操作后,还能对图像进行合并通道的操作。合并通道是指将分离后的通道图像重新组合成一个新图像文件。合并通道的使用面更为广泛,它类似于简单的通道计算,能同时将两幅或多幅图像经过分离后的单独的通道灰度图像有选择地进行合并。

11.2　通道的分类

通道与图层相似,也可以进行一定的分类。通道的种类与图像文件的格式有所关联,同时也与图像颜色模式相关,颜色模式决定了通道的数量和模式。按照种类划分,通道可分为颜色通道、专色通道、Alpha 通道和临时通道。

11.2.1 颜色通道

　　颜色通道是用于描述图像色彩信息的彩色通道,用于保存图像的颜色信息,包括一个复合通道(即所有颜色复合在一起的通道)和单个或几个颜色通道,每一个颜色通道对应图像的一种颜色。选择哪种图像的颜色模式也就决定了通道的数量,通道面板上储存的信息也随之变化。每个单独的颜色通道都是一幅灰度图像,仅代表这个颜色的明暗变化。打开"第十一章\素材\花.jpg"图像文件,这是个 RGB 模式,会显示 RGB、红、绿和蓝 4 个颜色通道,如图 11-20 所示。

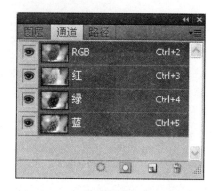
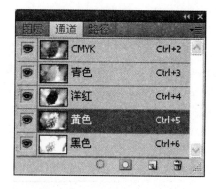

图 11-20　　　　　　　　　　　　　　　图 11-21

　　可以执行"图像>模式"菜单命令,在弹出的子菜单中选择对应的命令改变图像颜色模式。如在 CMYK 模式下,会显示 CMYK、青色、洋红、黄色和黑色 5 个颜色通道,如图 11-21所示;如在灰度模式下,只显示一个灰度颜色通道;在 Lab 模式下,会显示 Lab、明度、a、b 4 个颜色通道。

【课堂制作 11.1】　利用 Lab 明度通道转换黑白

`Step 01`　　打开"第十一章\素材\女生.jpg"图像文件,执行"图像>模式>Lab 颜色"菜单命令,就完成了从 RGB 到 Lab 模式的转换。

`Step 02`　　切换到"通道"面板,单击"明度"通道,执行"图像>模式>灰度"菜单命令,在弹出"要扔掉其他通道吗?"对话框中,按"确定"按钮,最终效果如图 11-22 所示。

图 11-22　　　　　　　　　　　　　图 11-23

`Step 03`　　彩色照片转换成黑白照,也可以在 RGB 模式下直接执行"图像>调整>去色"菜单命令,最终效果如图 11-23 所示。通过对比效果图我们可以看出,两种方法的效果有明显的区别,由 Lab 通道转换黑白的效果更细腻,而 RGB 模式下直接"去色",就要灰暗一些,细节层次也差了很多。

在颜色通道中,白色表示当前通道所保存的颜色较多;反之,如果某一个通道中有大块的黑色,则表示整体图像在相应的区域相应的颜色较少。可以把一个通道的图像颜色信息复制到另一个通道,会出现意想不到的效果。

【课堂制作 11.2】　缤纷色彩

Step 01　打开"第十一章\素材\风光.jpg"图像文件,如图 11-24 所示,切换到"通道"面板,单击"红"通道,按【Ctrl＋A】快捷键全选通道中的图像,再按快捷键【Ctrl＋C】复制图像颜色信息。

图 11-24　　　　　　　　　　　图 11-25

Step 02　然后单击"蓝"通道,按【Ctrl＋V】快捷键将复制的图像信息粘贴到当前通道,切换到图层面板查看图像效果,如图 11-25 所示。

Step 03　读者也可以试试其他通道,也许会出现很特别的色彩。

11.2.2　Alpha 通道

Alpha 通道是计算机图形学中的术语,可以说 Photoshop 中制作出的很多特殊效果都离不开 Alpha 通道,它最基本的用途在于保存选取范围,也是编辑选区的重要场所,且不会影响图像的显示。

在 Alpha 通道中,白色代表选区,黑色表示未被选择的区域,灰色表示部分被选择的区域,即半透明的选区。因此可以用画笔、渐变、形状等工具操作,编辑 Alpha 通道中的黑色与白色区域的大小和位置,以创建相对应的合适的选区。

除此以外,还可以通过填充白色或黑色、应用滤镜、执行"图像＞调整"子菜单中的命令等手段编辑 Alpha 通道,以获得形式更为丰富、灵活的选区。

【课堂制作 11.3】　给小狗换背景

Step 01　打开"第十一章\素材\狗.psd"文件,如图 11-26 所示。切换到"通道"面板,如图 11-27 所示。

图 11-26　　　　　　　　　　　　　　　　图 11-27

Step 02　　单击 Alpha 1 通道,查看 Alpha 1 通道的灰度图如图 11-28 所示。按住【Ctrl】键,单击 Alpha 1 通道的缩览图,载入 Alpha 通道中的选区。

Step 03　　切换到图层面板,执行"选择＞反向"菜单命令,按【Delete】键删除图像背景,并按【Ctrl＋D】快捷键取消选择,最后效果如图 11-29 所示。

图 11-28　　　　　　　　　　　　　　　　图 11-29

11.2.3　专色通道

专色通道是一类较为特殊的通道,它可以保存专色信息,同时也具有 Alpha 通道的特点,可以保存选区等。专色通道准确性非常高,且色域较宽,它用特殊的预混油墨替代或补充印刷色油墨,常用于需要专色印刷的印刷品。专色中的大部分颜色是 CMYK 无法呈现的,除了位图模式以外,其余所有的色彩模式下都可以建立专色通道。

创建专色通道的方法是,在"通道"面板中单击右上角的扩展按钮 ，在弹出的菜单中选择"新建专色通道"菜单命令,弹出"新建专色通道"对话框,如图 11-30 所示。在其中可以设置专色通道的颜色和名称,完成后单击"确定"按钮,即可新建专色通道,如图 11-31 所示。

图 11-30

图 11-31

11.2.4　临时通道

临时通道是在"通道"面板中暂时存在的通道。临时通道的存在有一定的条件,为图像添加了图层蒙版或在对图像处理时进入到快速蒙版编辑状态下,此时在"通道"面板中都能产生相应的临时通道。

打开"第十一章\素材\黄花.psd"文件,选择黄色花朵和茎后,单击图层面板下方的"添加图层蒙版"按钮 ,图 11-32 和图 11-33 分别为在图层蒙版下的图像效果和在"通道"面板中的临时通道。当单击工具箱下方的"以快速蒙版模式编辑"按钮,图 11-34 和图 11-35 分别为在快速蒙版编辑下的图像效果和在"通道"面板中的临时通道。

图 11-32

图 11-33

图 11-34

图 11-35

临时通道是暂时存在的通道,此时若将添加的图层蒙版删除或是退出快速蒙版的编辑状态,"通道"面板中的临时通道就会自动消失。

11.3　通道的应用

在对通道的创建以及相关操作有所了解后,也对通道的类型进行了分析,如何将通道进行真实的应用成为了这一小节的主题。下面就针对"应用图像""计算"以及"调整"命令在通道中的调整作用等知识进行逐一的介绍,让读者能知其然,更知其所以然。

11.3.1　使用"应用图像"命令编辑通道

"应用图像"命令可以将本图像的图层和通道进行混合,同时也可将两幅图像的图层和通道混合。执行"图像>应用图像"菜单命令,弹出"应用图像"对话框,如图 11-36 所示。在"源"下拉列表框中可设置所选中的图像文件,在"图层"下拉列表框中可设置当前图像文件中所选中的图层,在"通道"下拉列表框中可设置当前图层中所选中的通道。在"混合"下拉列表框中可设置当前选中通道的混合模式,勾选"蒙版"复选框可将编辑区域保存在蒙版中。

图 11-36

【课堂制作 11.4】　调整严重偏色图像

Step 01　打开"第十一章\素材\偏色.jpg"图像文件,这是一幅严重偏黄色的照片,如图 11-37 所示。读者可以用"图像>调整"中的如"色彩平衡""色相/饱和度"等方法调整,发现这样的处理效果都不理想。

图 11-37

图 11-38

Step 02 当看到有些偏色照片时，我们首先考虑是否通道有破损。切换到通道面板，如图 11-38 所示，"红"和"绿"通道的明暗及层次基本正常，但"蓝"通道几乎全黑，这是一个通道损伤的情况。

Step 03 选择"红"通道，执行"图像＞调整＞色阶"菜单命令或按【Ctrl＋L】快捷键调整色阶，如图 11-39 所示，可以发现直方图两端都欠缺，移动左右两个黑白滑块，对齐峰线后图像明暗开始增强，对"绿"通道做同样的操作。

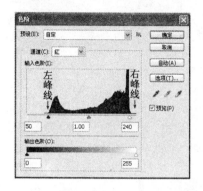

图 11-39

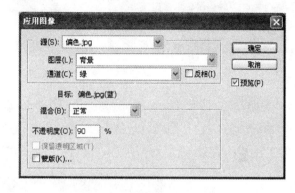

图 11-40

Step 04 选择损坏的"蓝"通道，执行"图像＞应用图像"菜单命令，弹出如图 11-40 所示的对话框。在"通道"中选择明暗对比较好的"绿"通道，"混合模式"为正常，"不透明度"为 90％，最后点击"确定"按钮，图像色彩发生了巨大的变化，严重偏黄现象消失了，色彩趋于正常，如图 11-41 所示。进一步发现原来几乎全黑的蓝色通道也正常了，如图 11-42 所示。这就是常用的替换通道调色法，常用于严重偏色的图像。

图 11-41

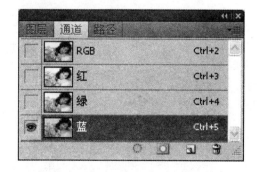

图 11-42

11.3.2 使用"计算"命令编辑通道

通道的计算是指将两个来自同一或多个源图像的通道以一定的模式进行混合。对图像进行通道运算，能得到较为特殊的选区，同时也能通过运用混合模式，将一幅图像融合到另一幅图像中，方便用户快速得到富于变幻的图像效果。

【课堂制作 11.5】 用计算来合成图像

Step 01 打开"第十一章\素材\齿轮.jpg"和"人像.jpg"图像文件，如图 11-43 和

11-44 所示。

 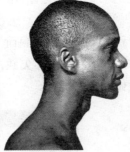 

图 11-43　　　　　　　　　图 11-44　　　　　　　　　图 11-45

Step 02　把人像.jpg 拖到齿轮.jpg 图像中,形成"图层 1",如图 11-45 所示。

Step 03　执行"图像＞计算"菜单命令,弹出"计算"对话框,设置"源 1"图层为图层 1,"源 2"图层为背景,通道均为灰色,"混合"为减去,"结果"为新建通道,如图 11-46 所示。

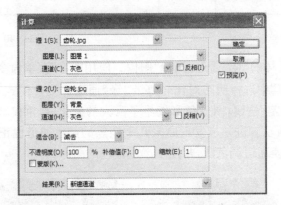

图 11-46

Step 04　计算后在通道面板产生一层 Alpha 1 通道,如图 11-47 所示,图像效果如图 11-48 所示。

图 11-47　　　　　　　　　　　　　　　　图 11-48

Step 05　切换到"图层"面板,选择"图层 1",用适当的选择工具选取头像。再返回"通

道"面板,选择 Alpha 1 通道,按快捷键【Ctrl+C】复制。继续切换到"图层"面板,单击面板
下方新建图层按钮 ▣ ,形成"图层 2",再按【Ctrl+V】快捷键粘贴,图层面板和图像效果如
图 11-49 和 11-50 所示。

图 11-49

图 11-50

Step 06　将图层混合模式改为明度,图层面板和图像效果如图 11-51 和 11-52 所示。

图 11-51

图 11-52

Step 07　单击"图层"面板下部的"添加图层蒙版"按钮 ▣ ,为"图层 2"添加图层蒙版,
用黑色的画笔工具将需要显示出来的部分,如眼睛和嘴涂抹出来,图层面板和图像最终效
果如图 11-53 和 11-54 所示。

图 11-53

图 11-54

11.3.3 使用"调整"命令编辑通道

使用"调整"命令能对图像进行相应的颜色调整,而在通道中也可使用如曲线、色阶、反相、色调分离、色调均化、亮度/对比度、阈值、变化、替换颜色等调整命令对通道进行调整,从而对图像的颜色进行调整。

【课堂制作 11.6】 宝宝照片的美化

Step 01 打开"第十一章\素材\宝宝.jpg"文件,如图 11-55 所示,整个照片偏黄、偏暗、噪点多。切换到"通道"面板,观察各个通道的明暗,发现"红"通道偏亮,而"绿""蓝"通道偏暗。

图 11-55

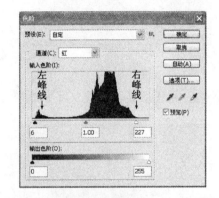

图 11-56

Step 02 单击"红"通道,执行"图像>调整>色阶"菜单命令或按【Ctrl+L】快捷键调整色阶,如图 11-56 所示。移动"输入色阶"中黑白滑块,对齐峰线。

Step 03 用同样的方法对"绿""蓝"通道执行色阶菜单命令,调整两个通道的明暗。

Step 04 单击"通道"面板中的 RGB 混合通道,再切换到"图层"面板。最后对整个图像进行调整,执行"图像>调整>曲线"菜单命令,在弹出的"曲线"对话框中,设置"输入"为141,"输出"为183,其他参数为默认,如图 11-57 所示,最终效果如 11-58 所示。

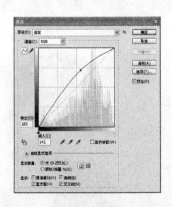

图 11-57

图 11-58

【课堂制作 11.7】 拼接数码照片

拼接照片时经常会遇到几张照片亮度或色调不一致的问题,虽然可以执行"图像>调整"菜单中相关命令调整,但调整比较困难且效果并不理想。

Step 01　新建 800 像素×300 像素的文档。打开"第十一章\素材\照片 1.jpg"和"照片2.jpg"文件,如图 11-59 和图 11-60 所示。

图 11-59　　　　　　　　　　　　　　　　图 11-60

Step 02　把两张照片拖入新建的文档中,细心对齐两张照片,如图 11-61 所示,方框中的墙体是参照点。

图 11-61

Step 03　图层 1 的色彩比较正常,要调整图层 2 中的色调与图层 1 一致。先选择图层面板中的需要调整的图层 2,如图 11-62 所示。切换到通道面板,现以两张照片色差最明显的"绿"通道为例,如图 11-63 所示。

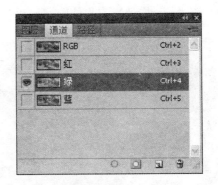

图 11-62　　　　　　　　　　　　　　　　图 11-63

Step 04 选择"绿"通道,执行"图像>调整>色阶"菜单命令或按【Ctrl+L】快捷键调整色阶,如图 11-64 所示。把两张照片的亮度调成一致,拼接处不要有明显的亮度变化。其他两个通道也做相应的调整。

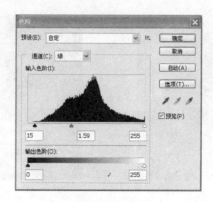

图 11-64

Step 05 单击 RGB 复合通道,切换到图层面板,就会发现两张照片的色调一致了,也看不出拼接线,最终效果如图 11-65 所示。

图 11-65

【课堂制作 11.8】 制作图像特殊边缘

将选区保存为 Alpha 通道后,可以使用滤镜编辑 Alpha 通道,从而得到使用其他方法无法得到的 Alpha 通道,最终得到所需的选区。

Step 01 新建 600 像素×383 像素的文件,打开"第十一章\素材\百合花.jpg"文件,如图 11-66 所示,拖到当前文件中,形成"图层 1",如图 11-67 所示。

图 11-66

图 11-67

Step 02　切换到"通道"面板，单击"创建新通道"按钮 □，新建 Alpha 1 通道，如图 11-68 所示。

Step 03　选择"Alpha 1"通道，用"矩形选框工具" □ 选择一矩形选区，并用"油漆桶工具" △ 填充白色，并按【Ctrl＋D】快捷键取消选择，如图 11-69 所示。

图 11-68

图 11-69

Step 04　执行"滤镜＞扭曲＞玻璃"菜单命令，参数为默认值，效果如图 11-70 所示。

图 11-70

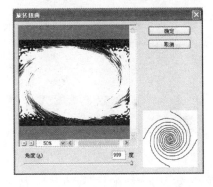

图 11-71

Step 05　继续执行"滤镜＞扭曲＞旋转扭曲"菜单命令，弹出"旋转扭曲"对话框如图 11-71 所示，设置"角度"为 999 度。

Step 06　按【Ctrl】键并点击 Alpha 1 通道缩览图，载入选区。切换到图层面板，选择"图层 1"，执行"选择＞反向"菜单命令，按【Delete】键删除部分图像，并按【Ctrl＋D】快捷键取消选择。

Step 07　执行"图层＞图层样式"菜单命令，弹出"图层样式"对话框，在"投影"和"内发光"前打钩，参数为默认值，最终效果如图 11-72 所示。

【课堂制作 11.9】　抠狗尾巴草

Step 01　打开"第十一章＼素材＼狗尾巴草.jpg"文件，如图 11-73 所示。在"图层"面板下方单击"创建新图层"按钮 □，新建"图层 1"，

图 11-72

设置前景色为绿色（♯39592c），用"油漆桶工具" 填充，"图层"面板如图 11-74 所示。

图 11-73

图 11-74

Step 02　隐藏"图层 1"，单击背景层，切换到"通道"面板。选择"绿"通道，复制该通道得到"绿副本"通道，面板和图像如图 11-75 和图 11-76 所示。

图 11-75

图 11-76

Step 03　执行"图像＞调整＞色阶"菜单命令，弹出"色阶"对话框，设置参数如图 11-77 所示。

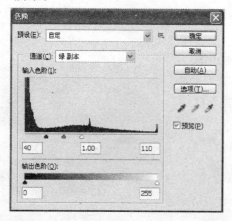

图 11-77

图 11-78

Step 04　用白色的画笔把麦穗、枝干及蜗牛的黑色部分涂掉，如图 11-78 所示。

Step 05　单击"通道"面板下方"将通道作为选区载入"按钮 ，切换到"图层"面板，点击背景层。

Step 06　执行"图层＞新建＞通过拷贝的图层"或按【Ctrl＋J】快捷键得到图层2。

Step 07　隐藏背景层，执行"图层＞修边＞移去黑色杂边"菜单命令，把"图层2"移到"图层1"上方，图层混合模式设为滤色。并显示"图层2"，图层面板如图11-79所示。

图 11-79

图 11-80

Step 08　按【Ctrl＋J】快捷键再复制一层，得到图层2副本，图层混合模式设为叠加，狗尾巴草就抠出来了，最终效果如图11-80所示。

【课堂制作 11.10】　合成书法作品

Step 01　打开"第十一章\素材\书法.jpg"文件，双击"图层"面板中背景层将其转化为普通图层。

Step 02　切换到"通道"面板，分别单击3个原色通道，选择对比度较好的"红"通道。复制该红色通道，得到"红副本"通道。接下来单击"红副本"通道，让其他通道处于隐藏状态，如图11-81所示。

图 11-81

图 11-82

Step 03　通过画布中显示的"红副本"通道的图像，可以清晰地看出扫描的纸张痕迹以及画面中存在的一些杂色，如图11-82所示。执行"图像＞调整＞色阶"命令或按【Ctrl＋L】快捷键打开"色阶"对话框，如图11-83所示。在对话框中选择黑色滴管 选取图像中书法部分，使用白色滴管 选取画面中纸面的灰色部分，将杂色转化为白色，单击"确定"按钮后显示效果如图 11-84 所示。

图 11-83

图 11-84

图 11-85

Step 04　执行"图像＞调整＞反相"菜单命令或按【Ctrl＋I】快捷键将"红副本"通道
进行反相处理,得到如图 11-85 所示的效果。

Step 05　按住【Ctrl】键单击"红副本"通道(或者单击"通道"面板下方的"将通道作为
选区载入"按钮 ○),将通道转换为选区,接下来切换至"图层"面板下,单击该图层。

Step 06　执行"图层＞新建＞通过拷贝的图层"菜单命令或按【Ctrl＋J】快捷键对选
区内的书法进行复制并粘贴成为新图层,如图 11-86 所示,隐藏原图层,则形成如图 11-87
所示的效果图。

图 11-86

图 11-87

Step 07 打开"第十一章\素材\画轴.jpg"文件,将已做好的书法拖动到本素材文件中,使用自由变换工具调整其大小,并拖放到图像适当位置,最终效果如图 11-88 所示。

图 11-88

【课堂制作 11.11】 美白皮肤

Step 01 打开"第十一章\素材\美女.jpg"文件,如图 11-89 所示,复制一层,设置图层的混合模式为"滤色",如图 11-90 所示。再右击"背景 副本"图层,在弹出的菜单中选择"向下合并"命令。

图 11-89

图 11-90

Step 02 切换到"通道"面板,复制"蓝"通道,形成"蓝副本"通道。

Step 03 执行"图像>计算"菜单命令,弹出如图 11-91 所示的对话框,把"混合"模式,改成"强光"。执行"计算"三次,形成三个 Alpha 通道。

Step 04 按【Ctrl】键点击 Alpha 3 的缩略图,显示 RGB 通道,隐藏 Alpha 3 通道。切换到"图层"面板,此时可见选中了图像的高光区,执行"选择>反向"菜单命令。

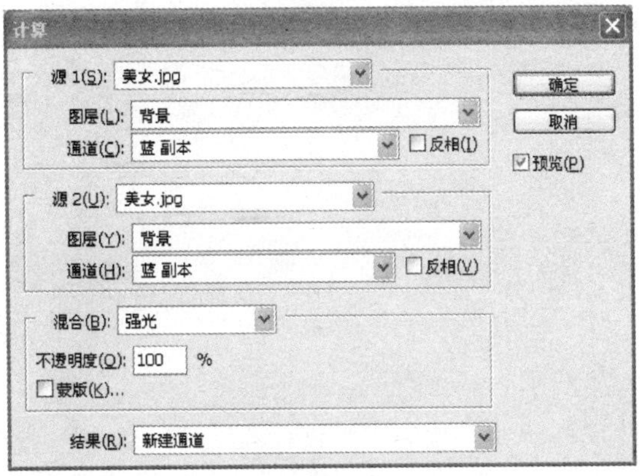

图 11-91

Step 05 点击"图层"面板下方的"创建新的填充和调整图层"按钮 ，在弹出的菜单中选择"曲线"，往上调整一下曲线，如图 11-92 所示，最后效果如图 11-93 所示。

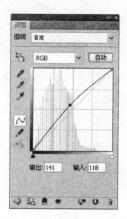

图 11-92

图 11-93

12 滤镜

本章针对滤镜的相关知识进行介绍，从滤镜的概念入手，并针对滤镜菜单、滤镜库、独立滤镜以及软件自带的各类滤镜组中的滤镜进行全面而细致的知识讲解，同时结合滤镜的具体使用操作进行知识的扩展。读者通过本章的学习，能使用滤镜打造出绚丽多彩的图像效果。

课堂学习目标

认识滤镜和滤镜库
掌握各个滤镜的功能与特点
掌握滤镜的使用原则与相关技巧

12.1 滤镜基础知识

滤镜是一种特殊的图像效果处理技术，主要用于实现图像的各种特殊效果。它在Photoshop中具有非常神奇的作用。滤镜的原理遵循一定的程序算法，以像素为单位对图像中的像素进行分析，并对其颜色、亮度、饱和度、对比度、色调、分布、排列等属性进行计算和变换处理，从而完成对原图像部分或全部像素的参数的调节或控制。

12.1.1 滤镜菜单

在Photoshop中的滤镜菜单中包括多个滤镜组，而在滤镜组中又包含了多个滤镜命令，如图12-1所示，下面对滤镜菜单进行介绍：

（1）菜单第一行显示的为最近使用过的滤镜，若未对图像使用过滤镜，则呈灰色显示。

（2）转换为智能滤镜可以整合多个不同的滤镜，并对滤镜效果的参数进行调整和修改，让图像的处理过程更智能化。

（3）滤镜库是一个集合了大部分常用滤镜的对话框，可以对一张图像应用一个或多个滤镜，或对同一图像多次应用同一滤镜，另外还可以使用滤镜替换原有滤镜。

（4）镜头校正、液化、消失点这3个滤镜为

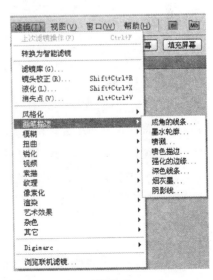

图12-1

Phtoshop CS5 的独立滤镜,未归入滤镜和其他任何滤镜组中,单击该滤镜即可使用。

（5）从"风格化"到"其它"这部分是 Photoshop 为用户提供的 13 类滤镜组,每一个滤镜组又包含有多个滤镜命令。

（6）在 Photoshop 中,若安装了外挂滤镜,则会将安装的外挂滤镜显示在 Digimarc 的子菜单中。

12.1.2 滤镜库

滤镜库是为方便用户快速对相关滤镜进行使用而诞生的,它将提供的滤镜大致进行了归类划分,将常用的、较为典型的滤镜收录其中,并能同时运用多种滤镜,同时还能对图像效果进行实时预览,在很大程度上提高了图像处理的灵活性。

1）滤镜库界面

在 Photoshop 的滤镜库中,收录了风格化、画笔描边、扭曲、素描、纹理和艺术效果 6 组滤镜。打开"第十二章\素材\小猫.jpg"图像文件,执行"滤镜＞滤镜库"菜单命令,打开"滤镜库"对话框,即可看到滤镜库界面,如图 12-2 所示为使用纹理滤镜组的滤镜库界面,下面分别对其中的选项进行介绍,以便读者能全方位地熟悉界面。

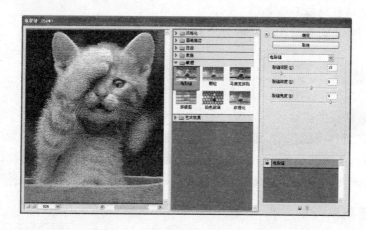

图 12-2

（1）预览框:可预览图像使用滤镜的变化效果,单击底部的 ⊟ 或 ⊞ 按钮,可缩小或放大预览框中的图像。

（2）滤镜面板:在该区域中显示了收录的风格化、画笔描边、扭曲、素描、纹理和艺术效果 6 组滤镜。单击每组滤镜前面的三角形图标 ▶,即可展开该滤镜组,看到该组中所包含的具体滤镜。单击图标 ▼,则折叠隐藏滤镜。

（3）⦿ 按钮:单击该按钮,可隐藏或显示滤镜面板。

（4）参数设置区:位于对话框的右上角位置,在该区域中可设置当前所应用滤镜的各种参数值和选项。

2）编辑滤镜列表

滤镜列表位于滤镜库整个界面的右下角,如图 12-3 所示,在其中会显示出对图像使用过的所有滤镜,主要起到查看滤镜的作用。默认情况下,当前选择的滤镜会自动出现在滤镜列表中,当前选择的滤镜效果图层呈灰底显示。如需对图像应用多种滤镜,则需单击"新建效果图层"按钮，此时创建的是与当前滤镜相同的效果图层。单击需要使用的其他滤镜,即可将其添加到列表中,并同时替换掉上一步操作过的滤镜。

当在滤镜列表中运用了多个滤镜或添加的滤镜效果不如意,则可以选择该滤镜后单击"删除效果图层"按钮　将其删除,此时图像中执行相应滤镜后的效果也消失。

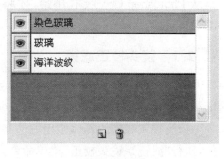

图 12-3

12.1.3　智能滤镜

应用于智能对象的任何滤镜都是智能滤镜,智能滤镜属于"非破坏性滤镜"。由于智能滤镜的参数是可以调整的,因此可以调整智能滤镜的作用范围,或对其进行移除、隐藏等操作。

要使用智能滤镜,首先需要将普通图层转换为智能对象。打开"第十二章\素材\小猫.jpg"图像文件,双击背景层,弹出"新建图层"对话框,按"确定"按钮,把背景层转换为普通图层"图层 0",在"图层 0"上单击鼠标右键,在弹出的菜单中选择"转换为智能对象"命令,即可将普通图层转换为智能对象。执行"滤镜＞素描＞撕边"菜单命令,"图层"面板如图 12-4 所示,智能滤镜包含一个类似于图层样式的列表,因此可以隐藏、停用、删除滤镜。另外,还可以设置智能滤镜与图像的混合模式,双击滤镜名称右侧的　图标,可以在弹出的"混合选项"对话框中调节滤镜的"模式"和"不透明度",如图 12-5 所示。

图 12-4

图 12-5

12.2　独立滤镜

在 Photoshop 的滤镜中,独立滤镜自成一体,它没有包含任何滤镜子菜单命令,直接选择即可执行相应的操作,使用非常方便。在 Photoshop 为用户提供的 3 种独立滤镜中,液化滤镜、消失点滤镜在以前的版本就已经作为一个独立滤镜而存在,而镜头校正滤镜是从 Photoshop CS5 版本开始，才将其从"扭曲"滤镜组中分离出来，成为一个独立的滤镜。

12.2.1　镜头校正滤镜

使用"镜头校正"命令，能轻松地对图像或摄影照片中的图像进行调整，纠正失真的物体与色彩，让画面效果更加合理而真实。

镜头校正滤镜的具体使用方法举例说明如下：打开"第十二章\素材\小狗.tif"图像文件，执行"滤镜＞镜头校正"菜单命令，弹出"镜头校正"对话框。在"自动校正"选项卡的"搜索条件"项目栏中，可以设置相机的品牌、型号和镜头型号等。设置后激活相应选项，此时在"矫正"选项栏中勾选相应的复选框即可校正相应选项。单击"自定"选项卡，调整各个滑块的参数，并在相应的文本框中输入数值，对图像进行调整。同时在对话框左侧的预览框中可对调整效果进行预览，如图 12-6 所示，完成后单击"确定"按钮。此时即可看到，图像的中轴位置被修正了。

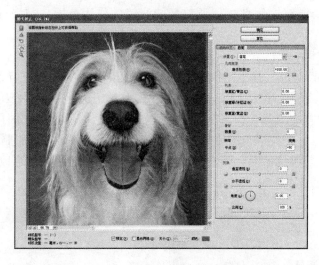

图 12-6

12.2.2　液化滤镜

液化滤镜是修饰图像和创建艺术效果的强大工具，它可用于推、拉、旋转、反射、折叠和膨胀图像的任意区域，一般应用于 8 位/通道或 16 位/通道图像。

液化滤镜的原理是让图像以液体形式进行流动变化，让图像在适当的范围内用其他部分的图像像素替代原来的图像像素。使用液化滤镜能对图像进行收缩、膨胀、旋转等操作，用以帮助用户快速对照片人物进行瘦脸、瘦身，多用于对人物艺术照片进行修改。

【课堂制作 12.1】　瘦脸瘦身效果

Step 01　打开"第十二章\素材\胖女孩.jpg"图像文件，如图 12-7 所示，瘦脸、瘦身后的效果如图 12-8 所示。

图 12-7 　　　　　　　　　　　　　　　图 12-8

Step 02　　执行"滤镜＞液化"菜单命令,弹出"液化"对话框,点击"向前变形工具"按钮 ,"工具选项"如图 12-9 所示。

图 12-9

Step 03　　先做瘦脸操作,在如图 12-10 所示的图像中,用"向前变形工具" 把右脸往左上角推,左脸往右上角推。用同样的方法对胳膊也做瘦身,效果如图 12-11 所示。如果操作效果不理想,可以点击"重建工具"按钮 重新操作,直到满意为止。

图 12-10 　　　　　　　　　　　　　　图 12-11

Step 04　　再做瘦身操作,在如图 12-12 所示的图像中,选择"向前变形工具" ,用大一号的画笔对腰部从右侧向左推,对腰部进行瘦身,效果如图 12-13 所示。

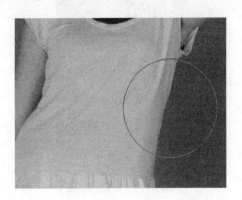

图 12-12　　　　　　　　　　　　　　图 12-13

12.2.3　消失点滤镜

　　使用消失点滤镜可以在选定的图像区域内进行复制、粘贴等操作,操作对象会根据选定区域内的透视关系进行自动调整,以适配透视效果。

【课堂制作 12.2】　清理背景杂物

Step 01　打开"第十二章\素材\地板.jpg"图像文件,如图 12-14 所示。

图 12-14　　　　　　　　　　　　　　图 12-15

　　Step 02　执行"滤镜＞消失点"菜单命令,弹出"消失点"对话框,使用"创建平面工具" 在页面中沿地板创建一个透视平面,如图 12-15 所示。

　　Step 03　在"消失点"滤镜对话框中选择"图章工具" ,设置相应的参数值,如图 12-16 所示,按住【Alt】键,在没有杂物的位置进行取样,如图 12-17 所示。

图 12-16

　　Step 04　释放【Alt】键后,移动鼠标到有杂物的地方,按下鼠标进行涂抹,图像会自动套用透视效果对图像进行仿制,如图 12-18 所示。

图 12-17

图 12-18

Step 05 反复在有杂物的位置上进行涂抹,将其进行仿制,将前部杂物完全清除,如图 12-19 所示。用同样的方法清除图像后面杂物,清除完毕后,单击"确定"按钮,最终效果如图 12-20 所示。

图 12-19

图 12-20

12.3 滤镜组

经过前面的学习,相信读者对滤镜菜单以及独立滤镜有所了解,这里我们将分别针对风格化、画笔描边、模糊、扭曲、锐化、视频、素描、纹理、像素化、渲染、艺术效果、杂色和其他共 13 个滤镜组进行介绍,并分别对其中相关滤镜的主要功能进行讲解,让读者对这些软件自带的各种滤镜有一个全面的了解和认识。

12.3.1 风格化滤镜组

风格化滤镜主要通过置换像素并且查找和提高图像中的对比度,产生一种绘画式或印象派艺术效果。该滤镜组包括查找边缘、等高线、风、浮雕效果、扩散、拼贴、曝光过度、凸出和照亮边缘 9 种滤镜,只有照亮边缘滤镜收录在滤镜库中,风格化滤镜组中的其他滤镜统统可通过执行"滤镜>风格化"菜单命令,在其子菜单中选择相应的命令来实现。

(1)查找边缘:该滤镜能查找图像中主色块颜色变化的区域,并将查找到的边缘轮廓描边,使图像看起来拥有笔刷勾勒的轮廓。

【课堂制作 12.3】 素描效果

Step 01 打开"第十二章\素材\黑衣美女.jpg"图像文件,如图 12-21 所示。

Step 02 执行"滤镜＞风格化＞查找边缘"菜单命令,将图像转换成彩色素描效果。

Step 03 执行"图像＞调整＞去色"菜单命令,将彩色素描图转换成黑白素描效果图,
如图 12-22 所示。

图 12-21　　　　　　　　　　　　　图 12-22

（2）等高线:该滤镜可以沿图像的亮部区域和暗部区域的边界绘制颜色比较浅的线条
效果。执行完等高线命令后,计算机会把当前文件图像以线条的形式出现。打开"第十二
章\素材\火棘花.jpg"图像文件,图 12-23 和图 12-24 分别为原图像和使用该滤镜后的
效果。

（3）风:该滤镜可以将图像的边缘进行位移,创建出水平线以模拟风的动感效果。当制
作纹理或为文字添加阴影效果时,会经常用到该滤镜。在其对话框中可设置风吹效果样式
以及风吹方向,效果如图 12-25 所示。

（4）浮雕效果:该滤镜通过勾画图像的轮廓和降低周围色值来产生灰色的浮凸效果。
执行该命令后,图像会自动变为深灰色,形成往外凸出的效果,如图 12-26 所示。

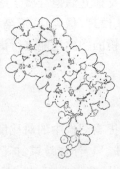

图 12-23　　　　　　图 12-24　　　　　　图 12-25　　　　　　图 12-26

（5）扩散:该滤镜通过移动像素或明暗互换,使图像产生透过磨砂玻璃观察的模糊
效果。

【课堂制作 12.4】　雪花字

Step 01　新建 400 像素×200 像素的文档,模式为 RGB 颜色,填充黑色。

Step 02　单击"横排文字蒙版工具" ,字体为黑体,加粗,大小为 100 点,输入"雪花"两个字。

Step 03　设置前景色为白色,按【Alt＋Delete】快捷键填充白色。按【Ctrl＋D】快捷键取消选择,如图 12-27 所示。

Step 04　执行"滤镜＞风格化＞扩散"菜单命令,模式为正常。

Step 05　再执行"滤镜＞扩散"命令,进行 3 次扩散操作,最后效果如图 12-28 所示。

图 12-27　　　　　　　　　　　　　　图 12-28

(6)拼贴:该滤镜会根据参数设置对话框中设定的值将图像分成小块,使图像看起来像是由许多画在瓷砖上的小图像拼成的一样。打开"第十二章\素材\腊梅.jpg"图像文件,图 12-29 为执行拼贴命令后的图像效果。

(7)曝光过度:该滤镜能产生图像正片和负片混合的效果,类似于摄影中的底片曝光,这个滤镜没有参数设置对话框,选择后直接进行操作即可,如图 12-30 所示。

(8)凸出:该滤镜根据在对话框中设置的不同选项,为选区或整个图层上的图像制作一系列的块状或金字塔的三维纹理,适用于制作刺绣或编织工艺所用的一些图案,如图 12-31 所示。

(9)照亮边缘:该滤镜能让图像产生比较明亮的轮廓线,形成一种类似霓虹灯的亮光效果,如图 12-32 所示。

图 12-29　　　　　图 12-30　　　　　图 12-31　　　　　图 12-32

12.3.2 画笔描边滤镜组

画笔描边滤镜组包括成角的线条、墨水轮廓、喷溅、喷色描边、强化的边缘、深色线条、烟灰墨和阴影线 8 种滤镜，执行"滤镜＞画笔描边"菜单命令，在其子菜单中选择相应的命令来实现。

（1）成角的线条：该滤镜可以产生斜笔画风格的图像，类似于我们使用画笔按某一角度在画布上用油画颜料所涂画出的斜线，线条修长，笔触锋利，效果比较好看。打开"第十二章\素材\棋.jpg"图像文件，图 12-33 为使用该滤镜后的效果。

（2）墨水轮廓：该滤镜可以在图像的颜色边界处模拟油墨绘制图像轮廓，从而产生钢笔油墨风格效果，如图 12-34 所示。

（3）喷溅：该滤镜可以使图像产生一种按一定方向喷洒水花的效果，画面看起来有如被雨水冲刷过一样。在相应的对话框中，可设置喷溅的范围、喷溅效果的轻重程度，如图 12-35 所示。

（4）喷色描边：喷色描边滤镜是使用带有一定角度的喷色线条的主导色彩来重新描绘图像，使图像表面产生描绘的水彩画效果，如图 12-36 所示。

图 12-33　　　　　　　　图 12-34　　　　　　　　图 12-35　　　　　　　　图 12-36

（5）强化的边缘：这滤镜能强化处理图像边缘，打开"第十二章\素材\插花.jpg"图像文件，图 12-37 所示为使用该滤镜后的效果。

（6）深色线条：该滤镜会使用短而密的线条绘制图像中的深色区域，使用长而白的线条绘制图像中的浅色区域，从而产生一种很强的黑色阴影效果，图 12-38 所示为使用该滤镜后的效果。

（7）烟灰墨：该滤镜通过计算图像中像素值的分布，对图像进行概括性的描述，进而产生用饱含黑色墨水的画笔在宣纸上进行绘画的效果，如图 12-39 所示。

（8）阴影线：该滤镜可以产生具有十字交叉线网格风格的图像，如同在粗糙画布上使用笔刷，如图 12-40 所示。

图 12-37　　　　　　　　图 12-38　　　　　　　　图 12-39　　　　　　　　图 12-40

12.3.3　模糊滤镜组

模糊滤镜组中包括表面模糊、动感模糊、方框模糊、高斯模糊、进一步模糊、径向模糊、镜头模糊、模糊、平均模糊、特殊模糊和形状模糊11种滤镜。只需执行"滤镜＞模糊"命令，在弹出的子菜单中选择相应的滤镜命令即可。

（1）表面模糊：该滤镜对边缘以内的区域进行模糊，在模糊图像时可保留图像边缘，用于创建特殊效果以及去除杂点和颗粒，从而产生清晰边界的模糊效果。

打开"第十二章\素材\去斑.jpg"图像文件，如图12-41所示，执行"滤镜＞模糊＞表面模糊"菜单命令，在弹出的"表面模糊"对话框中，设置"半径"为12像素，"阈值"为21色阶，最后效果如图12-42所示。

图 12-41　　　　　　　　　　　　　图 12-42

（2）动感模糊：该滤镜模仿拍摄运动物体的手法，通过使像素进行某一方向上的线性位移来产生运动模糊效果。它是把当前图像的像素向两侧拉伸。在对话程中可以对角度以及拉伸的距离进行调整。

【课堂制作 12.5】　飞驰的汽车

Step 01　打开"第十二章\素材\汽车.jpg"图像文件，如图12-43所示。

图 12-43

Step 02　选用"磁性套索工具" 选择汽车，执行"选择＞反向"菜单命令，再执行"选择＞修改＞羽化"菜单命令，羽化半径为5像素。

Step 03　执行"滤镜＞模糊＞动感模糊"菜单命令，弹出"动感模糊"对话框，设置"角度"为 9 度,"距离"为 47 像素,如图 12-44 所示。再按【Ctrl＋D】快捷键取消选择,最后效果如图 12-45 所示。

图 12-44

图 12-45

（3）方框模糊:该滤镜以邻近像素颜色平均值为基准模糊图像。

（4）高斯模糊:该滤镜可根据数值快速地模糊图像,产生很好的朦胧效果。

（5）进一步模糊:与模糊滤镜产生的效果一样,但效果强度会增加 3～4 倍。

（6）径向模糊:该滤镜可产生具有辐射性模糊的效果,在一定程度上模拟出相机前后移动或旋转产生的模糊效果。

【课堂制作 12.6】 光芒四射

Step 01 打开"第十二章\素材\朝霞.jpg"图像文件,如图 12-46 所示,复制背景图层,形成"背景 副本"。

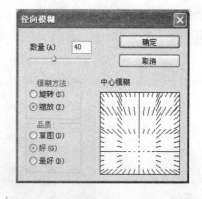

图 12-46

图 12-47

Step 02 执行"滤镜＞模糊＞径向模糊"菜单命令,弹出"径向模糊"对话框,如图 12-47 所示,设置"数量"为 40,"模糊方式"选为缩放,"品质"为好。拖动中心模糊的中心点往下移,要和原照片中太阳对应的地方对准,这样才像光线是从太阳处放射出来的感觉。单击"确定"按钮。

Step 03 选择图层叠加模式为"滤色",将"不透明度"从 100％降低为 80％,如

图 12-48所示,最后效果如图 12-49 所示。

图 12-48

图 12-49

(7) 镜头模糊:该滤镜可以模仿镜头的景深效果,对图像的部分区域进行模糊。

(8) 模糊:该滤镜使图像变得稍微模糊,它能去除图像中明显的边缘或非常轻度地柔和边缘,如同在照相机的镜头前加入柔光镜所产生的效果。

(9) 平均模糊:该滤镜能找出图像或选区的平均颜色,然后用该颜色填充图像或选区以创建平滑外观。

(10) 特殊模糊:该滤镜能找出图像的边缘并对边界线以内的区域进行模糊处理。

(11) 形状模糊:该滤镜使用指定的形状作为模糊中心进行模糊。

12.3.4　扭曲滤镜组

扭曲滤镜组包括波浪、波纹、玻璃、海洋波纹、极坐标、挤压、扩散亮光、切变、球面化、水波、旋转扭曲和置换 12 种滤镜,仅玻璃、海洋波纹和扩散亮光收录在滤镜库中。

(1) 波浪:该滤镜可以根据设定的波长和波幅产生波浪效果。打开“第十二章\素材\饮料.jpg”图像文件,图 12-50 为使用该滤镜后的效果。

(2) 波纹:该滤镜可以根据参数设定产生不同的波纹效果,如图 12-51 所示。

(3) 玻璃:该滤镜能模拟透过玻璃来观看图像的效果,如图 12-52 所示。

(4) 海洋波纹:该滤镜为图像表面增加随机间隔的波纹,使图像产生类似海洋表面的波纹效果,如图 12-53 所示。

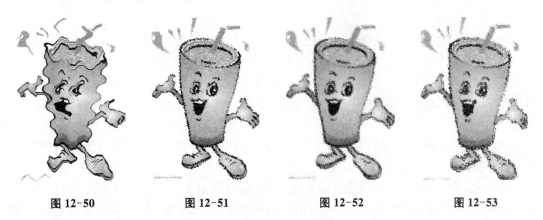

图 12-50　　　　　图 12-51　　　　　图 12-52　　　　　图 12-53

（5）极坐标：该滤镜可以将图像从直角坐标系转化成极坐标系或从极坐标系转化为直角坐标系，产生极端变形效果。

【课堂制作 12.7】 设计个性的球体特效

Step 01 打开"第十二章\素材\风景.jpg"图像文件，如图 12-54 所示。

图 12-54

Step 02 执行"图像＞图像大小"菜单命令，取消"约束比例"选项，用来调整图片高度与宽度一致，形成一个正方形，如图 12-55 所示。

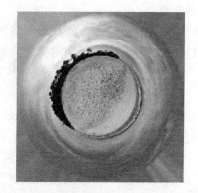

图 12-55   **图 12-56**

Step 03 将调整后的正方形照片执行"图像＞图像旋转＞旋转 180 度"菜单命令。

Step 04 执行"滤镜＞扭曲＞极坐标"菜单命令，选项为"平面坐标到极坐标"，最后效果如图 12-56 所示。

（6）挤压：该滤镜可以使全部图像或选区图像产生向外或向内挤压的变形效果。打开"第十二章\素材\树叶.jpg"图像文件，图 12-57 为使用该滤镜后的效果。

（7）扩散亮光：该滤镜可以向图像中添加白色杂色，并从图像中心向外渐隐高光，使图像产生光芒弥漫的效果，常用于表现强烈光线和烟雾效果，也被称为漫射灯光滤镜，如图 12-58 所示。

（8）切变：该滤镜根据用户在对话框中设置的垂直曲线，使图像发生扭曲变形，如图 12-59所示。

（9）球面化：该滤镜能使图像区域膨胀，形成类似将图像贴在球体或圆柱体表面的效果。打开"第十二章\素材\卡通狗.jpg"图像文件，图 12-60 和图 12-61 分别为原图像和使用该滤镜后的效果。

图 12-57   图 12-58   图 12-59

图 12-60   图 12-61

　（10）水波：该滤镜可模仿水面上产生的起伏状的波纹和旋转效果。值得注意的是，在其参数设置对话框的"样式"下拉列表框中，可对样式进行设置，让水波呈现出不同的效果。

【课堂制作 12.8】 为水面添加水波

Step 01　打开"第十二章\素材\水面.jpg"图像文件，如图 12-62 所示。

图 12-62

Step 02　选取"椭圆选框工具" ，在图像编辑窗口中绘制一个大小合适的椭圆选区，执行"选择＞修改＞羽化"菜单命令，在弹出的"羽化"对话框中设置"羽化半径"为 15，单击"确定"按钮，以羽化选区。

Step 03 执行"滤镜＞扭曲＞水波"菜单命令,弹出"水波"对话框,如图 12-63 所示,设置"数量"为 80,"起伏"为 8,"样式"为"水池波纹"。

Step 04 单击"确定"按钮,即可将"水波"滤镜应用于图像中,再按【Ctrl＋D】快捷键取消选择,最后效果如图 12-64 所示。

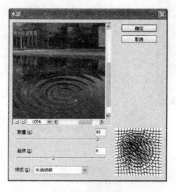

图 12-63

图 12-64

（11）旋转扭曲:该滤镜可使图像产生类似于风轮旋转的效果,甚至可以产生将图像置于一个大旋涡中心的螺旋扭曲效果。

【课堂制作 12.9】 卷毛字

Step 01 新建大小为 400 像素×250 像素,背景为白色的文件。

Step 02 输入横排文字"卷毛字",颜色为红色,大小为 100 点。执行"图层＞栅格化＞文字"菜单命令。

Step 03 选择"椭圆选取工具" ⬭,选取字的某一部分,执行"滤镜＞扭曲＞旋转扭曲"菜单命令,弹出"旋转扭曲"对话框,如图 12-65 所示,设置"角度"为－999 度。按【Ctrl＋D】快捷键取消选择。

Step 04 在文字的其他部分执行同样的操作,完成卷毛字操作,最后效果如图 12-66 所示。

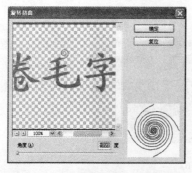

图 12-65

图 12-66

（12）置换:该滤镜可使图像产生移位效果。移位的方向不仅跟参数设置有关,还跟位移图有密切关系。使用该滤镜需要两个文件才能完成,一个文件是要编辑的图像文件,另一个是位移图文件。位移图文件充当位移模板,用于控制位移的方向。

12.3.5 锐化滤镜组

锐化滤镜组中的滤镜主要是通过增强图像相邻像素间的对比度,使图像轮廓分明、纹理清晰,以减弱图像的模糊程度。锐化滤镜组的效果与模糊滤镜的效果正好相反。该滤镜组提供了 USM 锐化、进一步锐化、锐化、锐化边缘、智能锐化 5 种滤镜。下面分别对该滤镜组中的滤镜功能进行介绍,并结合各种不同类型的图像,对该滤镜组中的滤镜进行应用,以便对图像效果进行对比展示。

(1) USM 锐化:该滤镜是通过锐化图像的轮廓,使图像的不同颜色之间生成明显的分界线,从而达到图像清晰化的目的。该滤镜有参数设置对话框,用户在其中可以设定锐化的程度。

(2) 进一步锐化:该滤镜可以增加图像像素之间的对比度,使图像清晰化。打开"第十二章\素材\鸟.jpg"图像文件,图 12-67 和图 12-68 分别为原图像和使用该滤镜后的效果。

图 12-67   图 12-68

(3) 锐化:与进一步锐化滤镜一样,都可以通过增加像素之间的对比度使图像变得清晰,但是其锐化效果没有进一步锐化滤镜的效果明显。

(4) 锐化边缘:该滤镜同 USM 锐化滤镜相似,但它没有参数设置对话框,且它只对图像中具有明显反差的边缘进行锐化处理,如果反差较小,则不会进行锐化处理。

(5) 智能锐化:该滤镜可设置锐化算法或控制在阴影和高光区域中进行的锐化量,以获得更好的边缘检测并减少锐化晕圈,是一种高级锐化方法。打开"第十二章\素材\模糊人像.jpg"图像文件,执行"滤镜>锐化>智能锐化"菜单命令,在其参数设置对话框中,可分别点选"基本"和"高级"单选按钮,以扩充参数设置范围,如图 12-69 所示。

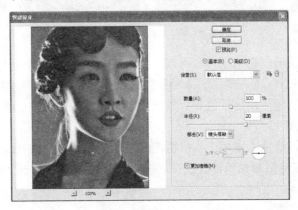

图 12-69

12.3.6　视频滤镜组

视频滤镜组中包括"NTSC 颜色"和"逐行"两种滤镜。使用这两种滤镜,可以让视频图像和普通图像进行相互转换。

（1）NTSC 颜色:使用该滤镜可将图像颜色限制在电视机重现可接受的范围之内,以防止过度饱和颜色渗透到电视扫描中。

（2）逐行:该滤镜通过移去视频图像中的奇数或偶数隔行线,使在视频上捕捉的运动图像变得平滑。

12.3.7　素描滤镜组

素描滤镜组中滤镜的原理为根据图像中高色调、半色调和低色调的分布情况,使用前景色和背景色,按特定的运算方式进行填充添加纹理,使图像产生素描、速写及三维的艺术效果。

素描滤镜组包括半调图案、便条纸、粉笔和炭笔、铬黄、绘图笔、基底凸现、石膏效果、水彩画纸、撕边、炭笔、炭精笔、图章、网状和影印 14 种滤镜,且全收录在滤境库中。

（1）半调图案:该滤镜使用前景色和背景色,将图像以网点效果显示。打开"第十二章\素材\双椅.jpg"图像文件,图 12-70 和图 12-71 分别为原图像和使用该滤镜后的效果。

（2）便条纸:该滤镜使图像使用前景色和背景色,混合产生凹凸不平的草纸画效果。其中,前景色作为凹陷部分,而背景色作为凸出部分,如图 12-72 所示。

（3）粉笔和炭笔:该滤镜可以重绘高光和中间调,并使用粗糙粉笔绘制纯中间调的灰色背景,阴影区域用黑色对角炭笔线条替换。炭笔用前景色绘制,粉笔用背景色绘制,如图 12-73 所示。

| 图 12-70 | 图 12-71 | 图 12-72 | 图 12-73 |

（4）铬黄:该滤镜可以用来制作具有擦亮效果的铬黄金属表面。打开"第十二章\素材\奖.jpg"图像文件,图 12-74 和图 12-75 分别为原图像和使用该滤镜后的效果。

（5）绘图笔:该滤镜使用前景色和背景色生成钢笔画素描效果。图像中没有轮廓,只有变化的笔触效果,如图 12-76 所示。

（6）基底凸现:该滤镜主要用于模拟粗糙的浮雕效果,并用光线照射强调表面变化的效果。图像的暗色区域使用前景色,而浅色区域使用背景色,如图 12-77 所示。

| 图 12-74 | 图 12-75 | 图 12-76 | 图 12-77 |

（7）石膏效果：该滤镜可以模拟类似石膏的效果。打开"第十二章\素材\狗.jpg"图像文件，执行"滤镜＞素描＞石膏效果"菜单命令，弹出"石膏效果"对话框，设置"图像平衡"为30，"平滑度"为4，"光照"为上。图 12-78 和图 12-79 分别为原图像和使用该滤镜后的效果。

（8）水彩画纸：该滤镜使图像好像是绘制在潮湿的纤维上，产生颜色溢出、混合及渗透等效果，如图 12-80 所示。

（9）撕边：该滤镜使图像表现出被撕碎的纸片效果，然后使用前景色和背景色为图片上色，比较适合有对比度高的图像。执行"滤镜＞素描＞撕边"菜单命令，弹出"撕边"对话框，设置"图像平衡"为30，"平滑度"为8，"对比度"为10，如图 12-81 所示。

| 图 12-78 | 图 12-79 | 图 12-80 | 图 12-81 |

（10）炭笔：该滤镜可以产生色调分离的涂抹效果，其中图像中的主要边缘以粗线条进行绘制，而中间色调则用对角描边进行素描。打开"第十二章\素材\树.jpg"图像文件，图 12-82 和图 12-83 分别为原图像和使用该滤镜后的效果。

（11）炭精笔：该滤镜模拟使用炭精笔在纸上的绘画效果，如图 12-84 所示。

（12）图章：该滤镜使图像简化、突出主体，看起来像是用榆皮或木制图章盖上去的效果，一般用于黑白图像，如图 12-85 所示。

| 图 12-82 | 图 12-83 | 图 12-84 | 图 12-85 |

（13）网状：该滤镜使用前景色和背景色填充图像，在图像中产生一种网眼覆盖的效果。同时，模仿胶片感光乳剂的受控收缩和扭曲的效果，使图像的暗色调区域好像被结块，高光区域好像被轻微颗粒化。打开"第十二章\素材\蘑菇.jpg"图像文件，图 12-86 和图 12-87 分别为原图像和使用该滤镜后的效果。

（14）影印：该滤镜使图像产生类似印刷中影印的效果。当执行完影印效果之后，计算机会把之前的色彩去掉，当前图像只存在棕色，如图 12-88 所示。

图 12-86	图 12-87	图 12-88

12.3.8　纹理滤镜组

纹理滤镜组中的滤镜主要用于生成具有纹理效果的图案，使图像具有质感。纹理滤镜组包括龟裂缝、颗粒、马赛克拼贴、拼缀图、染色玻璃和纹理化 6 种滤镜，且全收录在滤镜库中。

（1）龟裂缝：该滤镜可以使图像产生龟裂纹理，从而制作出具有浮雕样式的立体图像效果。打开"第十二章\素材\蛋糕.jpg"图像文件，图 12-89 和图 12-90 分别为原图像和使用该滤镜后的效果。

（2）颗粒：该滤镜可以在图像中随机加入不规则的颗粒来产生颗粒纹理效果，如图 12-91 所示。

（3）马赛克拼贴：该滤镜用于产生类似马赛克拼贴的图像效果，它制作出的是位置均匀分布但形状不规则的马赛克，如图 12-92 所示。

图 12-89	图 12-90	图 12-91	图 12-92

（4）拼缀图：该滤镜在马赛克拼贴滤镜的基础上增加了一些立体感，使图像产生一种类似于建筑物上使用瓷砖拼成的图像效果。打开"第十二章\素材\苹果.jpg"图像文件，图 12-93 和图 12-94 分别为原图像和使用该滤镜后的效果。

（5）染色玻璃：该滤镜可以将图像分割成不规则的多边形色块，然后用前景色勾画其轮廓，产生一种视觉上的彩色玻璃效果，如图 12-95 所示。

（6）纹理化：该滤镜可以在图像中添加不同的纹理，使图像看起来富有质感，如图 12-96 所示。

  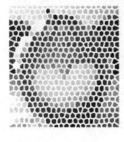 

图 12-93　　　　　　图 12-94　　　　　　图 12-95　　　　　　图 12-96

12.3.9　像素化滤镜组

像素化滤镜组中的多数滤镜是运用将图像中相似颜色值的像素转化成单元格的方法，使图像分块或平面化，将图像分解成肉眼可见的像素颗粒，如方形、点状等。从视觉上看，就是图像被转换成由不同色块组成的图像。

像素化滤镜组提供了彩块化、彩色半调、点状化、晶格化、马赛克、碎片、铜版雕刻 7 种滤镜，这些滤镜都没有收录在滤镜库中。

（1）彩块化：该滤镜使图像中纯色或相似颜色凝结为彩色块，从而产生类似宝石刻画般的效果，该滤镜没有参数设置对话框。打开"第十二章\素材\白花.jpg"图像文件，图 12-97 和图 12-98 分别为原图像和使用该滤镜后的效果。

  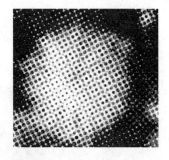

图 12-97　　　　　　　　图 12-98　　　　　　　　图 12-99

（2）彩色半调：该滤镜可以将图像中的每种颜色分离，将一幅连续色调的图像转变为半色调的图像，使图像看起来类似彩色报纸印刷效果或铜版化效果，如图 12-99 所示。

（3）点状化：该滤镜在图像中随机产生彩色斑点，点与点间的空隙用背景色填充，生成一种点画派作品效果。

【课堂制作 12.10】 下雪效果

Step 01 打开"第十二章\素材\雪景.jpg"图像文件,如图 12-100 所示,并复制图层。

图 12-100	图 12-101

Step 02 执行"滤镜＞像素化＞点状化"菜单命令,弹出"点状化"对话框,如图 12-101 所示,设置"单元格大小"为 7 像素。

Step 03 执行"滤镜＞模糊＞动感模糊"菜单命令,弹出"动感模糊"对话框,设置"角度"为 60 度,"距离"为 12 像素,如图 12-102 所示。

图 12-102	图 12-103

Step 04 设置图层混合模式为"点光",如图 12-103 所示,最后效果如图 12-104 所示。

图 12-104

（4）晶格化：该滤镜可以将图像中颜色相近的像素集中到一个多边形网格中,从而把图像分割成许多个多边形的小色块,产生晶格化的效果。打开"第十二章\素材\草莓.jpg"图像文件,图 12-105 和图 12-106 分别为原图像和使用该滤镜后的效果。

图 12-105　　　　　　　　图 12-106　　　　　　　　图 12-107

（5）马赛克：该滤镜可将图像分解成许多规则排列的小方块,实现网格化且每个网格中的像素均使用网格内的平均颜色填充,从而产生类似马赛克的效果,如图 12-107 所示。

【课堂制作 12.11】　为儿童添加马赛克

Step 01　打开"第十二章\素材\儿童.jpg"图像文件。选择"矩形选框工具" ，在眼部画一个矩形选区,如图 12-108 所示。

Step 02　执行"滤镜>像素化>马赛克"菜单命令,弹出"马赛克"对话框,设置"单元格大小"为 10 方形,如图 12-109 所示。

图 12-108　　　　　　　　　　　　　图 12-109

Step 03　按【Ctrl＋D】快捷键取消选择,最后效果如图 12-110 所示。

图 12-110

（6）碎片：该滤镜将图像的像素复制 4 遍，然后将它们平均位移并降低不透明度，从而形成一种不聚焦的重视效果，该滤镜没有参数设置对话框。打开"第十二章\素材\火柴.jpg"图像文件，图 12-111 和图 12-112 分别为原图像和使用该滤镜后的效果。

（7）铜版雕刻：该滤镜能够使用指定的点、线条和笔画重画图像，产生铜版刻画的效果，如图 12-113 所示。

图 12-111   图 12-112   图 12-113

12.3.10 渲染滤镜组

渲染滤镜组中的滤镜主要不同程度地使图像产生三维造型效果或光线照射效果，给图像添加特殊的光线。渲染滤镜组为用户提供了分层云彩、光照效果、镜头光晕、纤维和云彩 5 种滤镜，这些滤镜都没有收录在滤镜库中。

（1）分层云彩：该滤镜可以使用前景色和背景色对图像中的原有像素进行差异运算，产生的图像与云彩背景混合呈反白的效果。打开"第十二章\素材\花卉.jpg"图像文件，图 12-114 和图 12-115 分别为原图像和使用该滤镜后的效果。

（2）光照效果：该滤镜包括 17 种不同的光照风格、3 种光照类型和 4 种光照属性。可以在 RGB 图像上制作出各种光照效果，也可以加入新的纹理及浮雕效果，使平面图像产生三维立体的效果，如图 12-116 所示。

（3）镜头光晕：该滤镜通过为图像添加不同类型的镜头，从而模拟镜头产生的眩光效果，如图 12-117 所示。

图 12-114   图 12-115   图 12-116   图 12-117

（4）纤维：该滤镜用于将前景色和背景色混合填充图像，从而生成类似纤维的效果，如图 12-118 所示。

（5）云彩：该滤镜是唯一能在空白透明层上工作的滤镜。它不使用图像现有像素进行计算，而是使用前景色和背景色计算。使用它可以制作出天空、云彩、烟雾等效果，如图 12-119 所示。

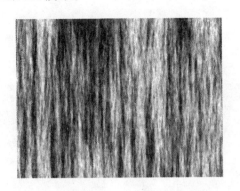

图 12-118　　　　　　　　　　　　　　图 12-119

12.3.11　艺术效果滤镜组

从整体概念上来讲，艺术效果滤镜组中的各种滤镜更像是一位融合了各种风格和绘画技巧的绘画大师。通过对这些滤镜的合理运用，能让普通的照片或图像变为形式多样的艺术作品。使用艺术效果滤镜组中的滤镜，可以让图像快速展现出油画、水彩画、铅笔画、粉笔画、水粉画等各种不同的艺术效果。

艺术效果滤镜组包括壁画、彩色铅笔、粗糙蜡笔、底纹效果、调色刀、干笔画、海报边缘、海绵、绘画涂抹、胶片颗粒、木刻、霓虹灯光、水彩、塑料包装和涂抹棒 15 种滤镜，且全收录在滤镜库中。

（1）壁画：该滤镜可使图像产生壁画一样的粗犷风格效果。打开"第十二章\素材\早点.jpg"图像文件，图 12-120 和图 12-121 分别为原图像和使用该滤镜后的效果。

（2）彩色铅笔：该滤镜模拟使用彩色铅笔在纯色背景上绘制图像，主要的边缘被保留并带有粗糙的阴影线外观，纯背景色通过较光滑区域显示出来，如图 12-122 所示。

（3）粗糙蜡笔：该滤镜可以使图像产生类似使用蜡笔在纹理背景上绘图的纹理浮雕效果，如图 12-123 所示。

图 12-120　　　　　图 12-121　　　　　图 12-122　　　　　图 12-123

（4）底纹效果：该滤镜可以根据所选的纹理类型使图像产生相应的底纹效果。打开"第十二章\素材\花朵.jpg"图像文件,图 12-124 和图 12-125 分别为原图像和使用该滤镜后的效果。

　　(5) 调色刀:该滤镜可以使图像中相近的颜色相融合,减少细节以产生写意效果,如图 12-126 所示。

　　(6) 干笔画:该滤镜能模仿使用颜料快用完的毛笔进行作画,产生一种凝结的油画质感,如图 12-127 所示。

| 图 12-124 | 图 12-125 | 图 12-126 | 图 12-127 |

　　(7) 海报边缘:该滤镜的作用是增强图像对比度,并沿边缘的细微层次加上黑色,能够产生具有招贴画边缘效果的图像。打开"第十二章\素材\小鸟.jpg"图像文件,图 12-128 和图 12-129 分别为原图像和使用该滤镜后的效果。

　　(8) 海绵:该滤镜可以使图像产生类似海绵浸湿的图像效果,如图 12-130 所示。

　　(9) 绘画涂抹:该滤镜可以模拟手指在湿画上涂抹的模糊效果,如图 12-131 所示。

| 图 12-128 | 图 12-129 | 图 12-130 | 图 12-131 |

　　(10) 胶片颗粒:该滤镜能够在给原图像加上一些杂色的同时,调亮并强调图像的局部像素。它可以产生一种类似胶片颗粒的纹理效果。打开"第十二章\素材\雕塑.jpg"图像文件,图 12-132 和图 12-133 分别为原图像和使用该滤镜后的效果。

　　(11) 木刻:该滤镜使图像好像由粗糙剪切的彩纸组成。高对比度图像呈黑色剪影效果,从而使彩色图像看起来像由几层彩纸构成的,如图 12-134 所示。

　　(12) 霓虹灯光:该滤镜能够产生与负片图像相似的颜色奇特的图像效果,看起来有一种氖光照射的效果,同时也营造出虚幻朦胧的感觉。单击颜色色块,还能对霓虹的颜色进行设置,丰富图像效果,如图 12-135 所示。

图 12-132　　　　　图 12-133　　　　　图 12-134　　　　　图 12-135

（13）水彩：该滤境可以描绘出图像中景物的形状，同时简化颜色，进而产生水彩画的效果。打开"第十二章\素材\兔子.jpg"图像文件，图 12-136 和图 12-137 分别为原图像和使用该滤镜后的效果。

（14）塑料包装：该滤镜可以产生塑料薄膜封包的效果，让模拟出的塑料薄膜沿着图像的轮廓线分布，从而令整幅图像具有鲜明的立体质感，如图 12-138 所示。

（15）涂抹棒：该滤镜可以产生使用粗糙物体在图像进行涂抹的效果，它能够模拟在纸上涂抹粉笔画或蜡笔画的效果，如图 12-139 所示。

图 12-136　　　　　图 12-137　　　　　图 12-138　　　　　图 12-139

12.3.12　杂色滤镜组

杂色滤镜组中的滤镜可以给图像添加一些随机产生的干扰颗粒，即噪点，也可以淡化图像中的噪点，为图像去斑等。杂色滤镜组包括减少杂色、蒙尘与划痕、去斑、添加杂色和中间值 5 种滤镜，这些滤镜都没有包含在滤镜库中。

（1）减少杂色：该滤镜用于去除扫描的照片和数码相机拍摄的照片上产生的杂色。

（2）蒙尘与划痕：该滤镜通过将图像中有缺陷的像素融入周围的像素，达到除尘和涂抹的效果，适用于处理扫描图像中的一些瑕疵。

【课堂制作 12.12】　照片美白

Step 01　打开"第十二章\素材\美容.jpg"图像文件。

Step 02　选择工具箱下方的"以快速蒙版模式编辑"工具 ⬛，设置前景色为黑色，背景色为白色。再选择"画笔工具" ，设置不同的画笔大小涂抹不需要美白的地方，如眼睛、眉毛、头发嘴和牙齿等部位，如图 12-140 所示。

图 12-140

图 12-141

Step 03 选择工具箱下方的"以标准模式编辑"工具 ，这样选择了需要美白的地方，如图 12-141 所示。

Step 04 执行"滤镜＞杂色＞蒙尘与划痕"菜单命令，弹出"蒙尘与划痕"对话框，设置"半径"为 3 像素，"阈值"为 0 色阶，如图 12-142 所示。

图 12-142

图 12-143

Step 05 按【Ctrl＋D】快捷键取消选择，最后效果如图 12-143 所示。

（3）去斑：该滤镜通过对图像或选区内的图像进行轻微的模糊、柔化，从而达到掩饰图像中细小斑点，消除轻微折痕的作用。这种模糊可去掉杂色，同时保留原来图像的细节。

（4）添加杂色：该滤镜可为图像添加一些细小的像素颗粒，使其混合到图像内的同时产生色散效果，常用于添加杂点纹理效果。

（5）中间值：该滤镜可以采用杂点和其周围像素的折中颜色来平滑图像中的区域，也是一种用于去除杂色点的滤镜，可以减少图像中杂色的干扰。

12.3.13 其他滤镜组

其他滤镜组可用于创建自己的滤镜，也可以修饰图像的某些细节部分。该组包括高反差保留、位移、自定、最大值和最小值 5 种滤镜，这类滤镜组中的滤镜运用环境都较为特殊。

下面分别对该滤镜组中滤镜的功能进行介绍,同时结合图像进行效果展示。

（1）高反差保留:该滤镜用于删除图像中亮度具有一定过度变化的部分图像,保留色彩变化最大的部分,使图像中的阴影消失而突出亮点,与浮雕效果相似。打开"第十二章\素材\台灯.jpg"图像文件,图 12-144 和图 12-145 分别为原图像和使用该滤镜后的效果。

图 12-144 　　　　　　　　图 12-145 　　　　　　　　图 12-146

（2）位移:该滤镜可以在参数设置对话框中调整参数值来控制图像的偏移,如图 12-146 所示。

（3）自定:该滤镜可以使用户定义自己的滤镜。用户可以控制所有被筛选的像素的亮度值,如图 12-147 所示。

（4）最大值:该滤镜向外扩展白色区域并收缩黑色区域,如图 12-148 所示。

（5）最小值:该滤镜向外扩展黑色区域并收缩白色区域,如图 12-149 所示。

图 12-147 　　　　　　　　图 12-148 　　　　　　　　图 12-149

【课堂制作 12.13】　燃烧字

Step 01　设置前景色为白色,背景色为黑色。新建 600 像素×400 像素的文档,"颜色模式"为灰度,"背景内容"为背景色。

Step 02　选择"横排蒙版文字工具" ,输入"燃烧字",黑体,大小 100 点,加粗,并填充白色。

Step 03　执行"选择＞存储选区"菜单命令或单击通道面板下方"将选区存储为通道"按钮 ,如图 12-150 所示。切换到"图层"面板,按【Ctrl＋D】快捷键取消选择,效果如图 12-151 所示。

图 12-150

图 12-151

Step 04 执行"图像＞图像旋转＞90 度（顺时针）"菜单命令，将图像旋转。再执行"滤镜＞风格化＞风"菜单命令，弹出"风"对话框，设置"方法"为风，"方向"为从左，如图 12-152 所示。按快捷键【Ctrl＋F】三次增强风的效果。

Step 05 执行"滤镜＞模糊＞高斯模糊"菜单命令，弹出"高斯模糊"对话框，如图 12-153 所示，设置"半径"为 1.8 像素，使风吹效果柔化。

图 12-152

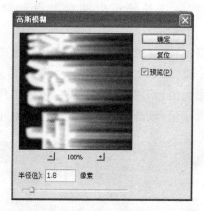

图 12-153

Step 06 执行"图像＞旋转画布＞90 度（逆时针）"菜单命令，再执行"选择＞载入选区"菜单命令，弹出"载入选区"对话框，设置"通道"为 Alpha 1，勾选"反相"。

Step 07 执行"滤镜＞扭曲＞波纹"菜单命令，设置"数量"为 100％，"大小"为中，使火焰飘动起来，如图 12-154 所示。

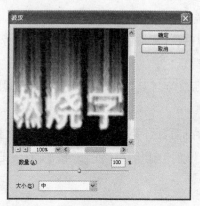

图 12-154

Step 08 执行"图像＞模式＞索引颜色"菜单命令,将图像转换成索引模式。再执行"图像＞模式＞颜色表"菜单命令,弹出"颜色表"对话框,如图 12-155 所示,在"颜色表"下拉菜单中选择"黑体",就会产生发光燃烧的渲染效果。再执行"图像＞模式＞RGB 颜色"命令。

Step 09 执行"选择＞反向"菜单命令,设置前景色为黑色,按【Alt＋Delete】组合键,在文字框内填充黑色,再按【Ctrl＋D】快捷键取消选择,最后效果如图 12-156 所示。

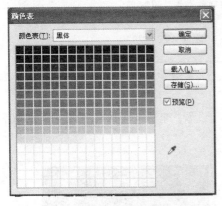

图 12-155

图 12-156

【课堂制作 12.14】 打造绚丽花朵

Step 01 新建一个宽度和高度均为 10 厘米的文档,设置前景色为黑色,背景色为白色。

Step 02 选择工具箱中的"渐变工具" ,填充黑白线性渐变,如图 12-157 所示。

图 12-157

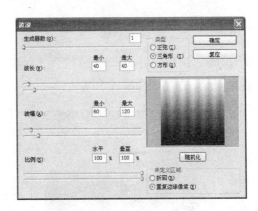

图 12-158

Step 03 执行"滤镜＞扭曲＞波浪"菜单命令,弹出"波浪"对话框,如图 12-158 所示,设置"类型"为三角形,"生成器数"为 1,"波长"最小和最大均为 40,"波幅"最小为 60,最大为 120,"比例"水平和垂直均为 100%。

Step 04 执行"滤镜＞扭曲＞极坐标"菜单命令,选中"平面坐标到极坐标",如图 12-159所示。

图 12-159

Step 05　执行"滤镜＞素描＞铬黄"菜单命令,设置"细节"为 10,"平滑度"为 10,如图 12-160 所示,效果如图 12-161 所示。

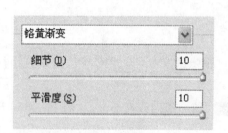

图 12-160

图 12-161

Step 06　新建一层,用渐变对花朵进行着色。用"蓝、红、黄渐变"对图像从左上到右下进行线性渐变。图层混合模式为"颜色",如图 10-162 所示。最终效果如图 12-163 所示。

图 12-162

图 12-163

【课堂制作 12.15】　给照片添加下雨效果

Step 01　打开"第十二章\素材\下雨.jpg"图像文件,如图 12-164 所示。新建一个图层,命名为雨,填充为黑色,如图 12-165 所示。

图 12-164　　　　　　　　　　　　　图 12-165

Step 02　对"雨"层先执行"滤镜＞杂色＞添加杂色"菜单命令,弹出"添加杂色"对话框,如图 12-166 所示,设置"数量"为 75％,"分布"为高斯分布,勾选"单色"。再对"雨"层执行"滤镜＞模糊＞高斯模糊",弹出"高斯模糊"对话框,设置"半径"为 0.5 像素。

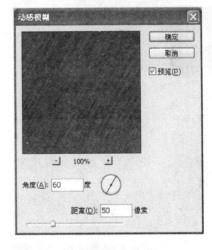

图 12-166　　　　　　　　　　　　　图 12-167

Step 03　对"雨"层执行"滤镜＞模糊＞动感模糊",弹出"动感模糊"对话框,如图 12-167 所示,设置"角度"为 60 度,"距离"为 50 像素。

Step 04　点击"创建新的填充或调整图层"按钮 ,创建一个色阶调整层,在"调整"面板中设置如图 12-168 所示的参数。再执行"图层＞创建剪切蒙版"菜单命令,应用色阶调整到"雨"层,如图 12-169 所示。

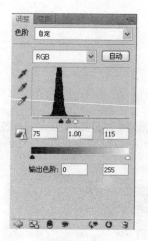

图 12-168　　　　　　　　　　　　　　图 12-169

Step 05　　选择"雨"图层,执行"滤镜＞扭曲＞波纹"菜单命令,弹出"波纹"对话框,如图 12-170 所示,设置"数量"为 10％,"大小"为大。再对"雨"层执行"滤镜＞模糊＞高斯模糊"菜单命令,弹出"高斯模糊"对话框,如图 12-171 所示,设置"半径"为 0.5 像素。

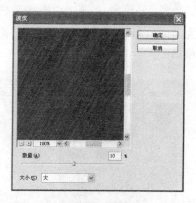

图 12-170　　　　　　　　　　　　　　图 12-171

Step 06　　更改"雨"层混合模式为"滤色","不透明度"为 50％,如图 12-172 所示,最后效果如图 12-173 所示。

图 12-172　　　　　　　　　　　　　　图 12-173